環境外交

―― 気候変動交渉とグローバル・ガバナンス ――

加納 雄大

信山社

はしがき

　本書は,「環境外交」と銘打ってはいるが,「環境」というよりは,「外交」について論じたものである。近年の気候変動交渉について臨場感をもって紹介しつつ, そこから感じ取れる国際社会の構造変化と, あるべき将来の国際枠組みについて考察を試みた。環境・気候変動分野がテーマとなっているが, そこでの国際交渉の力学は, 安全保障や国際経済, 開発援助など他分野においても何らかのヒントになるのではないかと思われる。本書が幅広く国際問題に関心を持つ方々の目に触れることになれば幸いである。

　なお, 環境・気候変動に関連する個別論点（エネルギー, 森林保全, 途上国支援, 排出量取引など）については, 末尾に付した参考文献をはじめ, 多くの優れた他書があり, そちらに譲りたい。

　本書で執筆した内容は, 外務省気候変動課長在職中に知遇を得た環境省や経済産業省等の日本政府関係者, 研究者, 経済界, NGO, メディアの方々から受けた多大な知的刺激が基礎となっている。多くの方々が, 各々立場は異なるものの, 自らの専門分野への誇りと, 地球環境の将来のため日本が果たすべき役割についての強い関心と情熱を持っておられ, 活発な議論を通じて大いに学ばせていただいた。国際交渉にともに携わった外務省の上司や同僚から受けた刺激もはかり知れない。課題先進国たる日本が今後の気候変動交渉をリードする力量があると筆者が信ずる所以である。もとより, 本書で示した見解は筆者個人のものであり, 日本政府や外務省を代表するものではない。記述内容で何かしら至らぬ点があるとすれば, 筆者の責めに帰すべきものである。

　本書の出版に際しては, 村瀬信也上智大学教授に多大なご助力をいただいた。本書が日の目を見る運びとなったのは, 環境から安全

はしがき

保障まで精力的に活躍される同先生の激励のおかげである。また，国際環境経済研究所所長の澤昭裕氏からは，同研究所ホームページにおける本書の元となった筆者論文の連載など，多大な支援をいただいた。外務省気候変動課事務官の菅野文平君には関連資料の整理等で助けてもらった。信山社の稲葉文子氏には出版に不慣れな筆者を丁寧に支えていただいた。厚く御礼申し上げる。

　2013年5月

加 納 雄 大

目　次

はしがき

プロローグ ── 2009年冬　コペンハーゲン ── … 3

第1章　気候変動交渉20年：コペンハーゲンへの道 … 7

はじめに … 8
1　気候変動交渉20年の歴史 … 10
　(1)　国連気候変動枠組条約の成立（1990〜1992）… 12
　(2)　京都議定書の成立（1995〜1997）… 15
　(3)　京都議定書実施ルールの策定と米国の方針転換（1998〜2001）… 17
　(4)　京都議定書の発効と新たな枠組みの模索（2005〜2008）… 19
　(5)　オバマ政権発足とコペンハーゲン合意（2009）… 21
2　国際政治の縮図としての気候変動交渉 … 23
　(1)　気候変動問題の国際枠組みを巡る各国の立場 … 23
　(2)　武器なき環境戦争：気候変動交渉は21世紀型の総力戦 … 25

（コラム①）横文字略語の飛び交う気候変動交渉（26）

第2章　カンクンCOP16：京都議定書「延長」問題を巡る攻防 … 29

はじめに … 30
1　主要各国にとってのコペンハーゲンCOP15の意味 … 32
2　年前半（1月〜5月）の動き … 33
　(1)　マルチラテラリズムの立て直し … 33

v

目　次

　　(2) 国際交渉の動き……………………………………………… 34
　　(3) 日本政府の対応……………………………………………… 35
　3 年後半（6月〜11月）の動き …………………………………… 39
　　(1) 国際交渉の動き……………………………………………… 40
　　(2) 主要各国の対応……………………………………………… 41
　　(3) 日本政府の対応……………………………………………… 44
　4 COP16本番 ……………………………………………………… 48
　　(1) 第1週（2010年11月29日〜12月5日）………………… 49
　　(2) 第2週（2010年12月6日〜11日）……………………… 50
　5 COP16の結果（カンクン合意）………………………………… 55
　6 所　　感 ………………………………………………………… 55
　　コラム② COPの開催地について (60)

第3章　「3/11」の衝撃とダーバンCOP17：
"Down but not out" ……………………………………………… 63

はじめに……………………………………………………………… 64
　1 「3/11」前 ……………………………………………………… 66
　2 「3/11」後 ……………………………………………………… 68
　　(1) 日本の対応：攻めの姿勢の維持…………………………… 70
　　(2) 議長国南アフリカとの協議………………………………… 74
　3 夏以降本番直前まで（9月〜11月）…………………………… 76
　　(1) 日本の立場の対外発信……………………………………… 76
　　(2) 小島嶼国，アフリカ，EUへの働きかけ………………… 78
　　(3) 国内プロセス………………………………………………… 81
　4 COP17本番 ……………………………………………………… 82
　　(1) 第1週（2011年11月28日〜12月3日）………………… 82
　　(2) 第2週（2011年12月5日〜11日）……………………… 84
　5 COP17の結果（ダーバン合意）………………………………… 87

(1)　成果の概要……………………………………………… *87*
　(2)　各国にとっての意味…………………………………… *87*
　(3)　日本にとっての意味…………………………………… *89*
6　所　　感………………………………………………………… *90*
補論：ドーハ COP18 についての若干の考察と所感……… *92*
　コラム③　各国気候変動交渉官の横顔（*99*）

第4章　気候変動交渉の舞台裏……………………………… *103*

はじめに……………………………………………………………… *104*
1　気候変動交渉の1年………………………………………… *105*
　(1)　COP 本番第1週（11月末〜12月第1週）………… *105*
　(2)　COP 本番第2週（12月第2週）……………………… *107*
　(3)　COP 終了……………………………………………… *109*
　(4)　交渉序盤：東京会合（3月）………………………… *111*
　(5)　交渉中盤：国連交渉（4月〜8月）………………… *112*
　(6)　交渉中盤：国連以外の会合（4月〜8月）………… *115*
　(7)　国連総会（9月）……………………………………… *116*
　(8)　交渉終盤：プレ COP など（10月〜11月）………… *117*
2　Who's Who in climate change negotiation：気候
　　変動交渉のプレーヤー達…………………………………… *118*
　(1)　市民社会（NGO）…………………………………… *118*
　(2)　メディア，経済界，各国議会関係者など…………… *120*
　(3)　各国政府代表団……………………………………… *120*
　コラム④　COP の風物詩？「化石賞」イベント（*138*）

第5章　「悪魔は細部に宿る」：気候変動交渉の修辞学… *141*

はじめに……………………………………………………………… *142*
1　COP15：コペンハーゲン合意ハイライト……………… *145*

目　次

　　　(1) 先進国の排出削減目標 ……………………………… *145*
　　　(2) 途上国の緩和行動 …………………………………… *147*
　　2 COP16：カンクン合意ハイライト ……………………… *149*
　　　(1) COP 決定と CMP 決定 ……………………………… *149*
　　　(2) 各国の目標の固定（anchor）………………………… *151*
　　3 COP17：ダーバン合意ハイライト ……………………… *158*
　　　(1) 将来枠組みの設定に向けたプロセス ……………… *158*
　　　(2) 京都議定書「延長」に向けた合意 ………………… *160*
　　コラム⑤　気候変動交渉シミュレーション（*171*）

第6章　ポスト「リオ・京都体制」を目指して …………… *175*

はじめに ……………………………………………………………… *176*
1 外交の主要課題としての気候変動問題 ……………………… *177*
　　(1) 第1の理由：「マルチの中のマルチ」外交としての
　　　　気候変動交渉 ……………………………………………… *178*
　　(2) 第2の理由：複数の政策分野にわたる交渉 ………… *180*
　　(3) 第3の理由：様々なステークホルダーの参画 ……… *181*
　　(4) 第4の理由：科学，イデオロギーの役割 …………… *182*
　　(5) まとめ …………………………………………………… *182*
2 「リオ・京都体制」の限界：主要国の問題と日本の
　　課題 ……………………………………………………………… *183*
　　(1) 「米国問題」――自国を制約する国際枠組みに対す
　　　　る抵抗感―― …………………………………………… *184*
　　(2) 「中印問題」――欧米主導の既存の国際枠組みに対
　　　　する不信感―― ………………………………………… *186*
　　(3) 「欧州問題」――欧州ルールを世界に拡大しようと
　　　　する焦燥感―― ………………………………………… *187*
　　(4) まとめ …………………………………………………… *191*

(5)　日本の「課題」……191
3　気候変動問題対処のためのグローバル・ガバナンス：3つの視点……198
　(1)　長期的な (long term) 視点……198
　(2)　グローバルな (global) 視点……200
　(3)　実際的な (pragmatic) 視点……204
4　気候変動対策における様々なアプローチ……207
5　まとめ……211
コラム⑥　東アジア低炭素成長パートナーシップ (213)

第7章　ポスト「リオ・京都体制」と日本……217

はじめに……218
1　ポスト「リオ・京都体制」のイメージ……221
　(1)　全ての国に適用される (applicable to all Parties) こと……221
　(2)　法的拘束力 (legally binding) のあり方……223
　(3)　透明性 (transparency)……225
　(4)　長期目標との整合性の確保……225
　(5)　重層的構造 (multi-layered structure)……225
　(6)　資金，技術，市場の総動員による実際的協力の推進……226
2　日本の提案：「世界低炭素成長ビジョン」……227
3　日本の取り組み(1)：東アジア低炭素成長パートナーシップ……230
4　日本の取り組み(2)：アフリカにおける低炭素成長・気候変動に強靱な開発戦略……234
5　日本の取り組み(3)：2国間オフセット・クレジット制度……236

目　次

　　6　日本の取り組み(4)：切れ目ない排出削減と途上国
　　支援 ·· *242*
　　　(1)　排出削減目標 ·· *242*
　　　(2)　途上国支援 ··· *247*
　コラム⑦　2国間オフセット・クレジット制度はモンゴルか
　　　　　らスタート（*250*）

エピローグ── 2013年初夏　東京── ·· *257*

【資料】コペンハーゲン合意（全文） ·· *260*

参考文献（*272*）
索　　引（*275*）

環境外交
——気候変動交渉とグローバル・ガバナンス——

プロローグ
──2009年冬　コペンハーゲン──

　2009年12月14日の朝，筆者はコペンハーゲン市内から乗った鉄道の駅を出てCOP15の開催会場であるベラ・センターの外に立っていた。会場に入るために必要なIDカードの発行を受ける為である。国連で大規模な国際会議が開催されるときは，制限区域への立入りチェックのため，現地入りの初日にパスポートを提示して，政府関係者，メディア，NGOなどのカテゴリー別にIDの発行を受ける必要がある。

　筆者はこの時点では，気候変動交渉の担当課長には就いておらず，それまでも気候変動交渉には全く関わっていなかった。前例のない規模の国際会議ということで，急遽増員された日本政府代表団の応援要員の1人として現地入りしたのである。

　COP15も第2週に入りいよいよ後半戦。この週の後半には日本からは鳩山由紀夫総理大臣，米国のオバマ大統領，中国の温家宝首相など，各国の首脳級が続々と現地入りする。通常閣僚級で行われるCOPが首脳級まで格上げされるのは初めてのことだ。

　しかし，冬のコペンハーゲンの空と同様，交渉は第1週を終えた段階で既に暗雲が立ちこめていた。京都議定書の第1約束期間が終わる2013年以降の国際枠組みの構築を巡り，先進国と途上国の対立は解けていなかった。議長国デンマークが準備したとされる「新議定書案」なるものが英紙ガーディアンに大々的に掲載されたのに対して，途上国が秘密主義的手法だと激しく批判して議事進行をストップさせていた。各国首脳・閣僚級の現地入りを前に険悪な雰囲気になっていたのである。

　交渉の雰囲気を反映したものか，はたして，ID取得の手続きは

3

プロローグ

遅々として進まなかった。小雪のちらつく会場の戸外で早朝から順番の列に並んだものの,一向に進まない。最初はコーヒーを買って周りの人達と雑談しながら待っていたが,3時間,4時間,5時間と経つうちにだんだん皆無口になってくる。並び始めて5時間以上たった午後1時過ぎ,デンマーク側から「手続きのキャパシティを超えたため,本日の手続きは終了する」とのアナウンスが一方的になされた。我々の目の前で警備担当者により会場ゲートが閉められる。あちこちからブーイングと"Bring us in (自分たちを中に入れろ)！"の大合唱。前のゲートが閉まっているにもかかわらず,後方の人々から前へ前へと押し出される。たまらず,列から抜け出して,前週から現地入りしている会場内の同僚と連絡をとり,何とか中に入ることができた。

その後の約1週間は正に怒濤のような日々だった。20年近く外務省で様々な国際会議を経験したが,そのいずれとも異なる。G8サミットやAPECなど首脳が参加する国際会議の場合,シェルパ会合やSOM（高級実務者会合）とよばれる事務レベルの調整を経た文書が首脳にあがるのが普通だが,今回は最終段階で首脳自身が文書作成作業に直接関わった。米国務省関係者によれば,首脳自身がドラフティングを行うのは第1次世界大戦後のヴェルサイユ講和会議以来とのことだ。参加国の規模・レベルも異例である。毎年9月からニューヨークで開かれる国連総会には第1週に国連全加盟国の首脳が集まるが,同規模の会議を欧州の小国でやろうとしたわけである。混乱を招くのも当然である。収容能力1万5千人の会場に4万人が入ろうとしたと聞く。加えて寒さ。最後の3日間はホテルに戻れず,会場内作業室で夜を明かしたが,深夜に屋内の自動販売機でコーラを買ったら凍っていた。作業室内では,何人かの同僚がコートを着たまま次々と横になり,突っ伏して仮眠をとっている。昔見た映画「八甲田山」で雪中行軍のさなかにバタバタと兵士が倒

プロローグ

れていく光景を思い出した。これまで経験した中で，もっともひどい国際会議だったことは間違いない。

そして最終日の12月18日の金曜日。予定を大幅にずれ，時刻は日付が変わった19日土曜日午前1時になっていた。このとき，小人数の首脳級会合で，後に「コペンハーゲン合意」とよばれる文書が実質的に合意された。会議場内では一瞬小さな拍手が起こった。しかし，この合意を「留意」するとの正式決定がなされたのはさらに10時間後，大会議場での国連のCOPの手続きにかけられ，延々と協議がなされた後のことである。

小人数首脳級会合でコペンハーゲン合意が成立した瞬間，筆者は会議場内の日本政府代表団席に座っていた。首脳級会合といっても，滞在予定を延長して協議にかかわった鳩山総理もオバマ大統領も帰国の途について既にいない。日本にとって死活的に重要なパラグラフの検討も終わっていたため，協議に出ずっぱりだった事務レベルトップの杉山晋輔外務省地球規模課題審議官と交替して筆者が代表団席に座ったのである。会議場内にはブラウン英首相やカルデロン・メキシコ大統領など，本物の首脳もまだ何人か残っており，ロの字型の席次の筆者の向かい側には議長のラスムセン・デンマーク首相とパン・ギムン・国連事務総長が疲れた顔をして座っていた。ほんの1週間前にこの地についた時には会場から閉め出されていた筆者が，同じ会議室で，議長のデンマーク首相の向かい側に座っている。「王子と乞食」の2役を1人で演じるような不思議な気分におそわれた。

そして，考えずにはいられなかった。これほど膨大なリソースを投入して多くの人々を気候変動交渉に駆り立てているものは何なのか。これが，筆者の気候変動交渉との初めての接点だった。

*　　　*　　　*

5

プロローグ

(注) 本稿では COP とは，国連気候変動枠組条約締約国会議 (Conference of the Parties) を指す。これは 1995 年のベルリンでの第 1 回会合 (COP1) 以来毎年開かれており，1997 年の京都での第 3 回会合は COP3，2009 年のコペンハーゲンでの第 15 回会合は COP15，2010 年のカンクンでの第 16 回会合は COP16，2011 年のダーバンでの第 17 回会合は COP17，2012 年のドーハでの第 18 回会合は COP18 とよばれる。

また，京都議定書が発効した 2005 年以降は，この国連気候変動枠組条約締約国会議にあわせて京都議定書締約国会合 (Meeting of the Parties) も開催される。COP とあわせて開催され，京都議定書上でも「締約国会合として開催される締約国会議 (Conference of the Parties serving as the Meeting of the Parties)」と記されていることから，略して CMP とよばれる。2009 年のコペンハーゲン，2010 年のカンクン，2011 年のダーバン，2012 年のドーハでは，COP15，COP16，COP17，COP18 とあわせてそれぞれ CMP5，CMP6，CMP7，CMP8 が開催されている。

COP15 最終日を過ぎた中，コペンハーゲン合意の扱いをめぐって協議するラスムセン・デンマーク首相 (中央) とパン・ギムン・国連事務総長 (左)
(Courtesy of IISD／Earth Negotiations Bulletin)

第 1 章

気候変動交渉 20 年：
コペンハーゲンへの道

第1章　気候変動交渉20年：コペンハーゲンへの道

はじめに

1990年は「気候変動交渉元年」ともいうべき年である。前年にベルリンの壁が崩壊し、米ソ首脳による東西冷戦の終結が宣言されたこの時期、世界の関心は地球環境問題という新たな課題に向けられ始めていたが、その筆頭が気候変動問題であった。この年の国連総会では、2年後の1992年国連環境開発会議（リオ地球サミット）に向けて、気候変動問題に対処するための新たな国連条約づくりのプロセス開始が決議された。そして1992年に国連気候変動枠組条約、さらに1997年には京都議定書が成立し、現在の「リオ・京都体制」ともいうべき国際枠組みが完成する。その構造はしかし、現在に至るまで、冷戦終了直後の国際社会の形を引きずったままとなっている。

この20年間で国際社会は大きな変貌を遂げた。グローバリゼーションの進展、日米欧3極の地位の相対的低下、中国やインドなど新興国の台頭、NGOや民間セクターなど多様なプレーヤーの役割の増大等々である。「リオ・京都体制」を国際社会の構造変化を反映したものに変革する努力は2000年代半ばから本格化した。それは2007年のバリCOP13を経て、2009年のコペンハーゲンCOP15で1つの帰結を迎える。しかしながら、この約200人もの各国首脳が集結した前代未聞の国際会議は、大きな挫折感を多くの国々に与える結果に終わった。筆者個人にとっては、このCOP15は気候変動交渉との初めての遭遇の場でもあった。

もっとも、このコペンハーゲンの顛末を失敗の一言で片付けるのは公平でも、正しくもない。コペンハーゲン合意なくして、その後のカンクン合意、ダーバン合意、ドーハ合意はなかったと言ってよい。各国首脳が夜を徹して直接交渉にあたったのは、第一次世界大戦後のヴェルサイユ講和会議以来とのことだが、その結果出来た合

はじめに

図表 1-1　気候変動に関する国際枠組み

国連気候変動枠組条約

- 目的：大気中の温室効果ガス（CO_2，メタンなど）の濃度を安定化。
- 1992年5月に作成，1994年3月に発効。締約国数：194か国及び1地域（EU）
- 気候変動分野における先進国・途上国の取り扱いを区別
  - 附属書I国＝温室効果ガス削減義務を負う先進国
  - 非附属書I国＝温室効果ガス削減義務を負わない途上国
- 「共通に有しているが差異のある責任」
- 先進国は途上国支援の義務（資金供与，技術移転等）

京都議定書

- 排出削減義務
  - 附属書I国に対し，温室効果ガス排出を1990年比で2008年から5年間で一定数値削減することを義務付け（附属書B）。
- 1997年12月に京都で作成，2005年2月に発効。
- 締約国数：192カ国・機関
- 米国は，署名はしたものの未締結。

6％の内訳
- 森林吸収源対策…3.8％
- 京都メカニズム…1.6％
- 「真水」…………0.6％

削減約束
- 日本　　　－6％
- 米国　　　－7％
- EU15か国　－8％

出典：外務省資料

意は，その後の環境外交を方向付けるうえで画期的なものであった。

　気候変動交渉は「武器無き戦争」とも言われる。各国とも，資金力，技術力，外交力など，軍事力以外の手段を駆使しながら，交渉を自らの国益に有利な方向に引き寄せようと熾烈な駆け引きを繰り広げる。そこには，巷間言われるような「先進国vs途上国」といった単純な二項対立の図式では描ききれない，複雑な現在の国際政治の縮図がある。「21世紀型の総力戦」といってもよいかも知れない。コペンハーゲンでもオバマ米大統領や温家宝中国首相，シン印首相，メルケル独首相，ブラウン英首相，アフリカ及び小島嶼国の首脳，そして鳩山総理など，多様な利害を抱える各国首脳が一堂に会して，延べ十数時間にわたる丁々発止のやりとりを行った。一

第1章　気候変動交渉20年：コペンハーゲンへの道

時は乱戦模様になった場面もあり，オバマ米大統領と新興4カ国（中国，インド，ブラジル，南アフリカ）の首脳が対峙する光景をとらえた写真をご記憶の方もあろう。これはほんの一例に過ぎない。気候変動交渉は，21世紀のグローバル・ガバナンスの有り様を映し出す鑑でもある。筆者自身，その現場に立ち会う羽目になったことは，得難い経験が出来たという意味で幸運だったのかも知れない。あくまで後から振り返ってみれば，の話であるが。

第1章では，コペンハーゲンCOP15に至る気候変動交渉20年の歴史を振り返りつつ，現在の国際社会の縮図としての気候変動交渉の意味を論じることとする。

❶ 気候変動交渉20年の歴史

国際社会で地球温暖化問題に光が当てられたのは，1980年代半ばに入ってからである。それまでは環境問題といえば公害問題への対処が中心であった。1972年のローマ・クラブ「成長の限界」でも温暖化問題にはほとんど言及がない。1985年に世界各国の気象学者がオーストリアのフィラハに集まって温暖化問題について討議したのが最初だと言われる。

1988年にはIPCC（気候変動に関する政府間パネル）がUNEP（国連環境計画）とWMO（世界気象機関）の共同で設置された。これは，気候変動問題に焦点をあてて，世界の科学者が科学的知見を提供する組織である。1990年に第1次評価報告書が発表されたが，気候変動による被害がいかに大きくなり得るかを示した報告内容は，国際社会に大きなインパクトを与えることになった（なお，このIPCC報告はその後，回を重ね，2007年には第4次評価報告書が出された。そ

1 気候変動交渉20年の歴史

図表1-2　気候変動交渉：COP15までの交渉経緯

1992年　国連気候変動枠組条約（UNFCCC）採択（1994年発効）
1997年　京都議定書採択（COP3）
2005年　京都議定書発効
　　　　・2012年以降の約束期間のあり方を検討する作業部会（AWG-KP）の設置。
2007年　「バリ行動計画」（COP13）
　　　　・新しい包括的な枠組みを議論する作業部会（AWG-LCA）の設置。
2009年　「コペンハーゲン合意」（COP15）
　　　　・先進国・途上国の削減目標・義務のリスト化などを明記したが，正式なCOP決定には至らず，「留意」されるにとどまる。

出典：外務省資料

こでは，世界の平均気温が過去100年に0.74度上昇したこと，現在の人為的排出量が自然吸収量の約2倍にも達しており，大気中のCO_2濃度が約280ppmから現在約380ppmにまで達していること，このままいくと21世紀末までに気温が2.4～6.4度まで上昇し，海面水位の上昇，干ばつ，洪水などの異常気象や，農業，生態系への悪影響が予想されることなどが記されている）。

こうした流れの中，気候変動問題に国際社会が連携して対処するため，国連の下での条約交渉を始めるべきとの議論は，1988年のG7トロント・サミットや1989年のG7アルシュ・サミット，1990年の第2回世界気候会議等でなされるようになった。これを受けて1990年12月の国連総会では，条約交渉を開始するため政府間交渉委員会（INC）を設立し，1992年のリオ・デジャネイロでの国連環境開発会議（リオ地球サミット）までに交渉を完了する旨の決議（45／212）が採択された。1990年が，いわば「気候変動交渉元年」と言ってよい。

以下では，その後の気候変動交渉の歴史をいくつかの段階に分けて，紹介することとする。

第1章　気候変動交渉 20 年：コペンハーゲンへの道

(1)　国連気候変動枠組条約の成立（1990 〜 1992）

　国連気候変動枠組条約の交渉は，1991 年 2 月から 1992 年 5 月までの約 15 カ月という非常に短い期間でまとめられた。1992 年 6 月のリオ地球サミットまでにまとめるという期限があったこともあろう。より広い文脈では，前年の冷戦終了後のユーフォリアの中，国際社会の関心・エネルギーがこうした地球規模課題に向いたことも大きかったのかも知れない。

　政府間交渉委員会に設けられた 2 つのワーキンググループ（WG）のうちの 1 つは日本の赤尾信敏地球環境大使が共同議長を務め，日本はこの条約作成に主導的役割を果たした。リオ地球サミットでは，生物多様性条約とならんで，この国連気候変動枠組条約が署名のために各国に開放され，日本も署名した（ちなみに同サミットでは，「砂漠化対処条約」作成に向けた交渉も開始された。このため，これら 3 つの環境条約は一般に「リオ 3 条約」とよばれている。）。同条約の締約国数は現在 194 カ国及び 1 地域（EU）に上る。

　この国連気候変動枠組条約は，20 年後の今に至る国連交渉の枠組みの根幹をなすものであるが，その大きな特徴は以下の通りである。

(イ)　温室効果ガスの人為的排出を条約の対象としていること

　国連気候変動枠組条約は第 2 条において，「気候系に対して危険な人為的干渉を及ぼすこととならない水準において大気中の温室効果ガスの濃度を安定化させること」をこの条約の究極的な目的として掲げている。すなわち，CO_2 をはじめとする温室効果ガスの大気中の濃度が増大することは温暖化を通じて様々な問題を引き起こし得るとの科学的立場を前提にしている。後年の京都議定書は，この条約目的を達成する手段として，この条約に基づき作成されたものである。なお，温暖化は人為的要因以外の自然現象（例えば太陽

活動など）によってもあり得るが，それはこの条約の対象外である。

日本では，京都の地名を冠し，「マイナス6％」という国別数値目標を掲げる京都議定書の方が一般に良く知られており，京都議定書の下での温暖化対策への批判が「温暖化懐疑論」の立場からなされることがある。しかし，上述のとおり，温暖化リスクへの対処が必要との基本認識は，京都議定書の基礎となっている国連気候変動枠組条約に規定されている。この認識は京都議定書に入っていない米国を含めて国際社会の大多数の国々に共有されている。毎年COPの場で行われる気候変動交渉は，この基本認識を前提に，温暖化対策をいかに進めていくか，対策を進めるうえでの負担について先進国，途上国の間でいかに分担するか，といった点について交渉をしているのである。「温暖化があるかないか」という，そもそも論が議論される場ではない。そうした議論は科学の領域であって，外交の領域ではない。

「温暖化懐疑論」は世界各地で根強くある。数年前には「クライメートゲート」とよばれる事件が起きた。前述のIPCC報告に関連して，温暖化リスクを誇張しているかのような一部の科学者によるメールのやりとりが暴露されたり，報告内容に明らかな誤りがあったりして，IPCCの信頼性を揺るがしたのである。科学的知見といっても不確実性が伴うものであり，温暖化を巡る議論は今後とも続くであろう。そうした議論が世界の科学者の間で自由に行われることは格別不思議ではない。重要なのは科学の領域と，外交の領域との間の適切な距離感であろう。

㈺ 1990年代初頭当時の世界を念頭に，加盟国を先進国と途上国の2つに区分し，条約上の義務に一定の差をもうけたこと

本条約の附属書Ⅰには，かつての「第一世界」（自由主義諸国），「第二世界」（旧共産圏諸国）の国々がリストアップされている。こ

第1章　気候変動交渉20年：コペンハーゲンへの道

れらの国々は「附属書Ⅰ国」と呼ばれ，それ以外の「非附属書Ⅰ国」とは，条約上の義務において区別されている。前者が先進国，後者が途上国といってよい。かつての「第三世界」である後者のカテゴリーには中国，インドといった大国から，アフリカ，カリブや南太平洋などの小島嶼国，さらには，後にOECDに加盟したメキシコ，韓国，シンガポールといった国々も含まれている。この区分は，1992年の国連気候変動枠組条約作成当時以来，現在まで全く変わっていない。

　気候変動交渉では，先進国は，先進国と途上国を区別するアプローチを「二分論(dichotomy)」として強く批判している。米国がその急先鋒でありEU，日本も同様であるが，その淵源は国連気候変動枠組条約にある。この条約では，温室効果ガスの目録作成や情報提供など先進国，途上国共通の義務として規定しているものもあるが（第4条1や第12条1），先進国のみに課された義務もある。温暖化対策のための政策・措置をとること（第4条2）がこれにあたる。この先進国の義務をさらに強化して，国別数値目標の設定，実施の義務を課すこととしたのが，京都議定書である。

　京都議定書への批判として，「一部の先進国のみに義務を課している」との点があるが，先進国と途上国を区別するという考え自体は，国連気候変動枠組条約にあるのである。

(ハ)　「共通に有しているが差異のある責任」「衡平性」など，その後の気候変動交渉を方向付ける原則が盛り込まれたこと

　いくつかの大所高所からの原則が盛り込まれているのも，この条約の大きな特徴である。当時の交渉責任者の回顧によれば，この点について相当の議論があったようである。

　もっともよく知られているのが，「共通に有しているが差異のある責任（CBDR：common but differentiated responsibilities）」原則で

ある。気候変動問題に対処するにあたり,先進国と途上国は責任を共有しているが,経済発展段階に応じて責任の程度には差が設けられるべきという考えである。往々にして,先進国は責任の「共通」性を,途上国は責任の「差異」を強調しがちになる。

また,「衡平性(equity)」原則も途上国がよく言及する概念である。漠然とした概念だが,産業革命以来 CO_2 を大量に排出してきたのは専ら先進国であり,排出削減や途上国支援において,先進国が主たる義務を負うべき,と途上国が主張する際の指導原理として持ち出される。

(二) 意思決定システムがコンセンサス方式であること

条約の最高意思決定機関である締約国会議(COP)における意思決定が,コンセンサスによらざるを得ない形になっているのもこの条約の大きな特徴である。

これは,1995年の第1回締約国会議(COP1)でCOPの手続規則が議論された際,投票方法に関する条項を巡って紛糾し,結局,手続き規則が採択できなかったことによる。このため,COPの意思決定はコンセンサスによらざるを得ない状態が今日に至るまで継続している。

意思決定方式が合意できなかった背景には,数で劣る先進国が,予算等の問題で途上国に数の力で押し切られるのを嫌ったことがある。しかし,何ごともコンセンサスによるとのやり方は,あらゆる問題において意思決定の停滞を常態化させることになった。気候変動関連の国連会合で時折みられる,中身の議論に入る前に入り口で議事が紛糾する「アジェンダ・ファイト」がその代表例である。

(2) 京都議定書の成立(1995〜1997)

この国連気候変動枠組条約の下,温暖化対策を強化するための枠組みとして作成されたのが,京都議定書である。

第 1 章　気候変動交渉 20 年：コペンハーゲンへの道

　第 1 回の締約国会議（COP1）が 1995 年にドイツのベルリンで開催され，新たな法的枠組みの作成作業が開始された（ベルリン・マンデート）。そして約 2 年にわたる交渉の後，京都で開かれた第 3 回締約国会議（COP3）において，京都議定書が作成された。

　当時，日本は橋本龍太郎内閣。大木浩環境庁長官が COP3 の議長を務めた。COP3 に至る交渉過程は，事務レベルのヘッドを務めた田邊敏明地球環境問題担当大使の著書『地球温暖化と環境外交』に詳しい。COP3 の議長国である日本は，事前交渉から COP3 本番における日米欧 3 極における数値目標設定，京都議定書作成にいたるまで，主要プレーヤーとして交渉を先導してきた。

　京都議定書において特筆すべきなのは次の二点である。

(イ)　先進国のみに対する数値目標設定

　枠組条約における附属書 I 国（先進国）が，1990 年時の排出実績と比較した第 1 約束期間（2008 年から 2012 年）における排出の平均値の形で，国別削減義務を負うこととなった。日本がマイナス 6 ％，米国がマイナス 7 ％，EU（1997 年当時の加盟国 15 カ国）がマイナス 8 ％といった形である。京都議定書上では，国別に排出できる量（割当排出量）が決められ，1990 年を 100 とした場合の数値の形で議定書の附属書 B に記載されている。日本であれば，マイナス 6 ％なので「Japan 94」といった具合である。

(ロ)　京都メカニズムの導入

　先進国の排出削減目標の導入とともに，排出削減を費用対効果の高い形で達成するため，国内だけではなく国外での達成手段も導入された。京都メカニズムと呼ばれるものであり，代表的なものが，途上国におけるクリーン開発メカニズム（CDM：Clean Development Mechanism）である（このほかに，共同実施（JI：Joint Implementation），国際排出量取引がある）。CDM とは，先進国が途上国において温室

効果ガス削減効果のあるプロジェクトを実施した場合に，当該プロジェクトによる排出削減分を，国連での一定の手続きを経て，当該先進国の排出枠（クレジット）として認める仕組みである。先進国は国内より低いコストで排出削減を達成でき，途上国は持続可能な開発に必要な先進国からの資金，技術の流入が期待できる。双方へのメリットを狙った仕組みである。

(3) 京都議定書実施ルールの策定と米国の方針転換（1998〜2001）

COP3 の後は，京都議定書の発効に向けた実施ルールの策定が交渉の中心となった。1998年のCOP4では今後の作業の工程表としてブエノスアイレス行動計画が作成され，これに基づきCOP5からCOP7にかけて交渉が行われた。その結果，2001年のCOP6再開会合でのボン政治合意，及びCOP7でのマラケシュ合意に結実することになる。

この時期，日本では環境問題を重視する流れの中で，省庁再編により2001年1月に環境庁が環境省に改組され，初代環境大臣に川口順子環境庁長官が就任した。

この間の交渉プロセスに大きな影を落としたのが，2001年の政権交代に伴う米国の方針転換，ブッシュ政権による京都議定書への不参加の表明である。政権発足間もない2001年3月，ブッシュ大統領は上院議員宛の書簡の中で，米国は気候変動問題を真剣に取り上げるとしつつも，京都議定書については反対を表明した。中国やインドを含めた世界の80％がコミットメントをしておらず，また米国経済にきわめて悪影響をもたらすとの理由による。さらに同年6月に発表された気候変動問題に関する声明では，人為活動による地球温暖化を認め，世界最大の温室効果ガス排出国としての責任を認識して排出削減のためリーダーシップをとるとしつつも，京都議

定書については致命的な欠陥があるとして不参加の方針を明確にした。当然のことながら，この方針転換は世界中に波紋をよび，日本を含む多くの国々が米国の建設的な対応を促したが，米国の姿勢は変わらなかった。

このブッシュ政権下での米国の方針転換の背景，国際交渉への影響については，様々な見方がある。

1つは，米国が早晩，京都議定書に参加しない（できない）ことはクリントン政権当時から半ば明らかであったということである。COP3に先立つ1997年7月の時点で，国際条約の批准について助言・同意の権限をもつ米国上院は，途上国が先進国とともに排出削減・抑制義務を負わないような，あるいは米国経済に重大な影響を及ぼすような国際条約は認めないとの決議を全会一致で可決していた（バード・ヘーゲル決議）。先進国のみに削減義務を課す京都議定書は明らかにこの決議に反する。議会承認の見通しが全くないにもかかわらず，クリントン政権の米国はCOP3で京都議定書に賛成したわけである。ブッシュ政権での方針転換は，議会決議に示された超党派の米国の意思を確認したに過ぎないともいえる。この点は，8年後の2009年，再度の政権交代でオバマ政権になり，同政権が気候変動交渉に積極姿勢を示し，同政権の気候変動交渉チームにはCOP3当時の交渉に携わっていたメンバーが含まれているにもかかわらず，京都議定書不参加の方針はブッシュ政権と何ら変わっていないことからも明らかであろう。COP3で京都議定書に署名したゴア副大統領率いる米国政府代表団の対応が特異であったと言える。

もう1つは，このブッシュ政権の京都議定書不参加表明が，議定書実施ルール策定を巡る交渉において各国間の妥協を促した面があるということである。日本の「マイナス6％」の削減目標のうち，森林吸収分で最大3.8％もの算入が認められることになったのは，米国不参加の状況の中，欧州や途上国が日本を議定書につなぎとめ

るためだったという見方もある。COP3 で議長を務め京都議定書作成交渉を主導した日本としても，米国に梯子を外されたとはいえ，議定書不参加に舵を切る選択肢はあり得なかったであろう。2001年を通じて日本政府は，京都議定書の 2002 年発効を目指す方針に変わりないこと，削減目標達成のため国内制度に総力をあげて取り組むことを一貫して内外に発信し，COP7 の後には議定書の締結に向けた作業を本格化させた。そして翌 2002 年 6 月，日本政府は京都議定書を締結した。

(4) 京都議定書の発効と新たな枠組みの模索（2005 〜 2008）

京都議定書は，2005 年に発効する。同年開催された第 1 回京都議定書締約国会合（CMP1）では，議定書の規定に基づき，第 1 約束期間終了後の次の期間の目標設定（いわゆる「延長」問題）についての検討のため，新たな作業部会（議定書作業部会：AWG-KP）が設置された。

一方，米国が不在であること，また世界経済でプレゼンスを増大させる中国，インドはじめ新興国が義務を負っていない現状から，これら主要国を含めた新たな枠組みの構築についても引き続き模索がなされた。

この時期は，国連交渉に加え，G8 サミットの果たした役割も大きい。2005 年のグレンイーグルス・サミット，2007 年のハイリゲンダム・サミット，2008 年の日本の北海道洞爺湖サミットではいずれも気候変動問題が主要議題となり，2050 年までに世界全体で排出を半減することや，その一環で先進国が 80 ％削減するといった目標を掲げるうえで，G8 が国連交渉を引っ張る役割を果たした。この過程で，日本も第 1 次安倍晋三内閣において「クールアース 50」，福田康夫内閣において「クールアース・パートナーシップ」といったイニシアティブを打ち出し，また北海道洞爺湖サミットの

第1章 気候変動交渉20年：コペンハーゲンへの道

図表1-3 国連交渉における2トラック構造

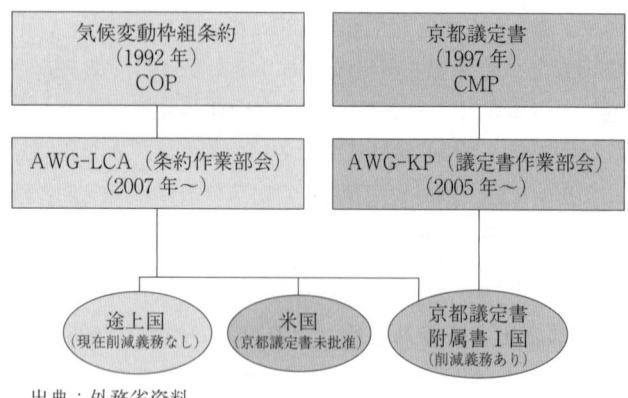

出典：外務省資料

議長国としてG8プロセスを引っ張るなど，交渉前進に貢献した。2007年に公表された前述のIPCC第4次報告もこうした流れを後押しした。

こうした流れの中，2007年のCOP13では，バリ行動計画が作成された。同計画では，新たな枠組に向けた検討開始のため，既存の議定書作業部会に加え，もう1つの新たな作業部会（条約作業部会：AWG-LCA）が設置され，2009年のCOP15までに作業を完了させることとなった。国連気候変動枠組条約と京都議定書の下にそれぞれ作業部会ができ，2つの交渉トラックが並立する構造である（図表1-3）。新たな枠組みの法的性格や，現行京都議定書との関係はあいまいなままである。それでも，先進国，途上国すべての国々の温暖化対策が俎上にのる形で作業を進めることが合意されたのは画期的であった。そして，その作業の終着点として，COP15に強い期待が寄せられた。

(5) オバマ政権発足とコペンハーゲン合意（2009）

COP15への期待をさらに高めたのが，2009年のオバマ政権の発足である。就任以来，オバマ大統領は国連交渉への米国の復帰を明言し，国連交渉を後押しする主要排出国による国際会議（エネルギーと気候に関する主要経済国フォーラム：MEF）を立ち上げ，米国が気候変動交渉をリードする立場を鮮明にした。米国内でも国内排出量取引法案が下院で可決されるなどの動きが見られた。こうした動きは，「今度こそ米国は本気だ」と国際社会に思わせるに十分であり，COP15での新枠組み妥結への期待を否が応にも高めることとなった。日本での政権交代と新たに発足した鳩山政権による「前提条件付マイナス25％目標」の表明も，こうした流れを後押しした。通常は閣僚級止まりのCOPの会議を，議長国デンマークが首脳級に引き上げたのも，COP15で次期枠組み交渉をまとめることが出来るだろうとの見通しを持ったからであろう。COP15の最終段階では，200人近い首脳がニューヨークの国連総会さながらに集結するという前代未聞の国際会議が開催されることとなった。

（余談だが，コペンハーゲンでは，この約2カ月前の10月，2016年のオリンピック開催国を決める国際オリンピック委員会（IOC）総会がCOP15と同じ会議場で開催されている。東京，シカゴも立候補していた関係で鳩山総理，オバマ大統領も現地入りしていた。筆者も総理一行に加わって現地にいたが，オバマ大統領一行の車列を警護する白バイの数の多さに驚き，デンマーク側はCOP15のリハーサルを行っているのだろうと思った次第である。この時は，2カ月後に再びコペンハーゲンを訪れることになるとは夢にも思わなかった。）

はたして，COP15の結果は，プロローグで紹介したとおりである。事前の期待の高まりとは裏腹に，実務レベルでの国連交渉は難航し，十分な見通しのないままCOP本番を迎えた。COP第1週には，英紙ガーディアンが，少数の主要国により作成されたデンマー

第1章　気候変動交渉20年：コペンハーゲンへの道

図表1-4　コペンハーゲン合意の内容

- 産業化以前からの気温上昇を2度以内に抑えるとの目標。
- 附属書Ⅰ国は削減目標を，非附属書Ⅰ国は削減行動を提出。
- 非附属書Ⅰ国が自発的に行う行動も国内的MRV（測定・報告・検証）を経たうえで国際的な協議・分析の対象。支援を受けて行う行動は国際的MRVの対象。
- 森林保全，市場メカニズム，技術支援の検討。
- 2010年〜12年に共同で300億ドルの資金支援。2020年までに年間1000億ドルの資金動員目標にコミット。
- 2015年までに合意の実施状況を評価。

出典：外務省資料

ク議長国案なるものを報じ，これが，国連での交渉プロセスを蔑ろにするものであるとの途上国の強い反発を招いた。そのような中で，各国閣僚，首脳級が現地入りする第2週を迎えたものの，予定されていたほとんどの公式行事は吹っ飛んで首脳級の非公式会合が断続的に行われ，最終的には首脳自身が膝詰めで文言調整を行う事態となった。

かくして「コペンハーゲン合意」が作成された。同合意の内容は**図表1-4**のとおりである。全部で12パラグラフの短い文書ながら，世界の平均気温上昇を2度以内におさえるという「2度目標」に言及しつつ，先進国，途上国双方の排出削減，緩和行動とその測定・報告・検証（MRV），森林保全，市場メカニズムの活用，途上国支援のための資金支援，技術支援など，気候変動交渉における主要論点と，文書作成に関わった主要国の立場の妥協のエッセンスが凝縮された形になっている。

しかし，この文書が，195カ国・地域が参加する全体会合に付された段階で，一部の急進的な途上国から手続き面を中心に物言いがついて，協議は更に数時間紛糾した。結局，当初想定していた，こ

の文書自体を正式な国連文書（COP決定）にすることにはならず，この文書を「留意」することをCOPとして決定するという，何とも中途半端な形になってしまった。

事前の期待値が高かった分，結果に対する落胆も非常に大きかったのが，COP15であった。

❷ 国際政治の縮図としての気候変動交渉

(1) 気候変動問題の国際枠組みを巡る各国の立場

COP15で最大の焦点となった，気候変動問題の国際枠組みを巡る主要各国の立場を概観すると図表1-5のようになる。この図では，全ての主要国が対象となる新たな枠組み（将来枠組み）への賛否を縦軸，先進国のみが削減数値目標を義務として負う現行京都議定書の「延長」への賛否を横軸として，COP15時点での各国の立場を示している。

日本の立場は，将来枠組みは賛成，京都議定書の枠組みの継続は反対のため，左上の区分に位置する。COP16で日本と同様の立場をとったカナダ，ロシアも同様である。

オバマ政権1年目の米国は，将来枠組みを強く志向する一方，京都議定書には入らないという立場を維持しているので，左上の点線の外（京都議定書は無関係）に位置する。

EUは，COP15の時点では，現行の京都議定書に替わる1つの法的枠組みが望ましいという立場を示していたため，左上の区分に位置していた。ただし，後述するように，この立場はCOP15後に変わることになる。

第1章 気候変動交渉20年：コペンハーゲンへの道

図表1-5　各国の気候変動交渉の立場と交渉シナリオ
（コペンハーゲン・シナリオ）

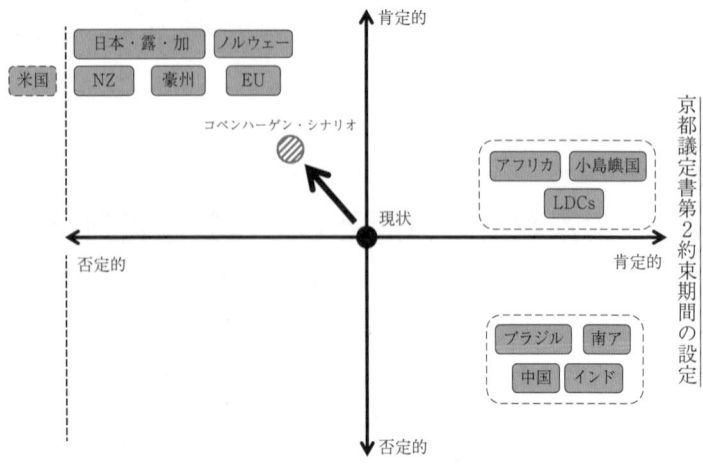

出典：筆者作成

　途上国は，京都議定書「延長」という，先進国が義務を負うとの一点においては統一的な立場を維持していたが，その内実はかなり異なっていた。小島嶼国をはじめとする脆弱国は，京都議定書だけでは不十分であり，将来枠組みの構築に肯定的であるため右上に位置する。一方，中印をはじめとする新興国は自らの成長を制約することへの懸念から，将来枠組みの構築には消極的なため，右下にある。

　COPの気候変動交渉では，少しでも自国に有利になるよう，各国とも最終的な成果文書（COP決定，CMP決定）の内容を自国の立場に引き寄せようとする。運動会でやる「十字綱引き」を思い浮かべてもらうとよい。各国がそれぞれの立ち位置から四方向に綱引きをギリギリまで行い，COP最終日に綱の結節点がどこに位置する

かで，その年のCOPの結果が決まるわけである。

　COP15では，日米欧が，それぞれ微妙に立ち位置は異なるものの，ほぼ同じ場所（左上）に位置していた。このため，将来枠組みの成立に向けた力が最も強く働いたCOPであった（コペンハーゲン・シナリオ）。対極（右下）に位置する新興国から見れば，彼らに対して強い圧力がかかったわけであり，彼ら，とりわけ中国が反発したのは当然であった。

(2) 武器なき環境戦争：気候変動交渉は21世紀型の総力戦

　以上，1990年の国連気候変動枠組条約の交渉開始決定から2009年のCOP15に至る，約20年の気候変動交渉を振り返ってみた。この間，世界中で一体何人の人達が，何らかの立場で交渉に関与したのであろうか。日本国内だけでも，直接交渉に携わった政府関係者に加え，研究者，NGO，企業関係者，メディア関係者など，相当数の人達が各々の立場で気候変動交渉を目の当たりにし，何日もの眠れぬ夜を過ごしたに違いない。

　手嶋龍一氏と池上彰氏の対談本「武器なき環境戦争」では，この気候変動交渉をとらえて，国際社会において各国が角逐を繰り広げる「武器なき戦争」と喝破している。この20年あまりの気候変動交渉の現場は，正にそうした比喩が当てはまる激しさと波乱に満ちたものであったろうと思う。

　この比喩をもう少し敷衍するとすれば，この気候変動交渉は，「21世紀型の総力戦」とでも言えるのではないかと思う。1989年に冷戦が終結し，20世紀的世界が1つの区切りを付けた翌年から気候変動交渉が始まったのは示唆的である。

　日露戦争を嚆矢とする「20世紀型の総力戦」は，19世紀型の欧州中心の世界から，日本と米国という当時の新興国が参入した世界が舞台であり，各国はその持てる軍事力，経済力，技術力，外交力

第1章　気候変動交渉20年：コペンハーゲンへの道

などの全てを総動員して戦った。また，戦後のGATT／WTO，G7／8サミットを舞台とする日米欧3極が主要プレーヤーであった経済交渉は，20世紀型の「武器なき戦争」だったとも言えるかもしれない。

これに比べ，気候変動交渉は，日米欧中心の20世紀型の世界から，中国，インドをはじめとする新興国が参入した新たな世界が舞台である。アフリカ，小島嶼国，低開発途上国（LDC）などの脆弱国の発言力も強い。NGOやメディア，民間企業，科学者といったプレーヤーの影響力も大きくなった。1990年代に出来た「リオ・京都体制」とも呼ぶべき現在の国際枠組みは，20世紀的世界を引きずる中で成立し，その後，21世紀的世界にあわせて徐々に変質を遂げてきた。前述の国際枠組みを巡る各国の立ち位置からも明らかなように，ここでは「先進国vs途上国」といった単純な構図ではなく，「欧州vs非欧州」といった先進国間の角逐もあれば，「新興国vs脆弱国」の途上国間の軋轢もある。混沌とした状況の中で，各国が資金力，技術力，外交力など，軍事力以外のあらゆる力を総動員してしのぎを削っているのである。

コペンハーゲンCOP15の後，この「武器なき戦争」はいかに戦われたのか。次章以降で詳しくみていくこととしたい。

コラム① 横文字略語の飛び交う気候変動交渉

気候変動交渉に関わって先ず悩まされるのが，英語の頭文字をとった略語（acronym）が無数に飛び交うことである。COP, CMP, KP, UNFCCC, MRV, MEF, AOSIS, CDM 等々である。

KP は京都議定書（Kyoto Protocol）を指し，そのまま「ケーピー」と呼ぶ。一方，国連気候変動枠組条約（UNFCCC：United Nations Framework Convention on Climate Change）の方は「ユーエヌエフトリプルシー」と呼ばれる。気候変動枠組条約の締約国会議が「コッ

コラム①

プ」(COP：the Conference of the Parties)，同じタイミングで開催される京都議定書締約国会合が「シーエムピー」(CMP：the Conference of the Parties serving as the Meeting of the Parties) となる。この下に常設補助機関として「エスビー」(SB：Subsidiary Body) がある。また，COP18 まで臨時に設けられていた 2 つの作業部会が，「エーダブリュージーケーピー」(AWG-KP：Ad-hoc Working Group on Kyoto Protocol) と「エーダブリュージーエルシーエー」(AWG-LCA：Ad-hoc Working Group on Long-term Cooperative Action) であり，これらに替わって COP17 で新たに立ち上がったのが「エーディーピー」(ADP：Ad-hoc working group on the Durban Platform for Enhanced Action) である。

国連以外の会合でよく知られるのが，オバマ政権が立ち上げた「メフ」(MEF：Major Economies Forum) と呼ばれる，20 カ国程度の主要排出国からなる会合である（ちなみに安全保障分野で「メフ」といえば，米国海兵隊の海外機動展開部隊 (MEF：Marine Expeditionary Force) を指すのが普通である)。

交渉分野でよく出てくるのが，各国の温室効果ガス排出を「測定・報告・検証」する仕組みを指す「エムアールヴィ」(MRV：Measurement, Reporting, Verification) という言葉である。また森林保全分野では，熱帯雨林の減少・劣化に起因する CO_2 排出を削減するための保全策を「レッド」(REDD：Reducing Emissions from Deforestation and forest Degradation) といい，これに植林を加えたものが「レッドプラス」(REDD+) と呼ばれる。

交渉グループ名では，「イーユー」(EU：European Union)，「エーユー」(AU：African Union) などは分かりやすいが，日米豪など EU 以外の先進国グループである「ユージー」(UG：Umbrella Group)，COP15 で一躍脚光を浴びた 4 新興国（中国，インド，ブラジル，南アフリカ）を指す「ベーシック」(BASIC)，太平洋やカリブ等の島国の集まりである「アオシス」(AOSIS：Alliance of Small Island States) はどうであろうか。スイス，韓国，メキシコ，リヒテンシュタイン，モナコといった先進国と途上国が入り交じった「イーアイジー」(EIG：Enviromental Integrity Group) というのもある。

最も難解なのが，市場メカニズム関連の用語である。温室効果ガス排出枠を市場で売買する制度を一般に「イーティーエス」(ETS：

第1章　気候変動交渉20年：コペンハーゲンへの道

Emissions Trading System）と呼ぶ。その一種が，京都議定書でつくられたクリーン開発メカニズム，「シーディーエム」（CDM：Clean Development Mechanism）である。京都議定書の下では，この「シーディーエム」の下で認証された排出削減量「シーイーアール」（CER：Certified Emission Reduction）や，数値目標を掲げる先進国に割り当てられた排出量「エーエーユー」（AAU：Assigned Amount of Unit），森林吸収源からの排出削減量「アールエムユー」（RMU：Removal Unit）などを，取引することが想定されている。そして，こうした制度の担い手として第三者認証機関「ディーオーイー」（DOE：Designated Operational Entity）や指定国家機関「ディーエヌエー」（DNA：Designated National Authority）などがある。

　さて，いかがであろうか？最初は戸惑っていても，だんだんフルネームで読み書きするのがまどろっこしくなり，こうした略語を多用するのに慣れてくる。さらには，人口に膾炙するような新たな略語を生み出してみようと，頭をひねったりするようになる。そうなれば，あなたも立派な気候変動交渉ウォッチャーといえるだろう。

第2章

カンクンCOP16：
京都議定書「延長」問題を巡る攻防

第 2 章　カンクン COP16：京都議定書「延長」問題を巡る攻防

はじめに

　国際社会から大いなる期待が寄せられたコペンハーゲンの COP15 は，大いなる失望を残して終わった。COP15 で大きく傷ついた，国連の下での多国間主義（マルチラテラリズム）をいかに立て直すか？それが，COP16 に向けた国際交渉の流れを規定する通奏低音であった。

　一方，日本にとっては，COP16 は京都議定書「延長」問題を巡る，最も厳しい場でもあった。この問題についての COP 本番初日の日本政府代表団の発言が大きな波紋を呼び，NGO による批判のパフォーマンスや，一部の国々との閣僚級での激しいやり取りが日本でも大きく報じられたのをご記憶の方もいよう。しかしながら，この京都議定書「延長」問題について，国際交渉上の意味，法的性質，各国の立場のニュアンスの違いなどが必ずしも十分に理解されていないのではないか。この問題を単純な「先進国 vs 途上国」の構図や，ましてや「日本孤立論」の図式でとらえると本質を見誤ることになると思う。

　なぜ，COP16 で京都議定書「延長」論が盛り上がったのか？背景には，COP15 後の米欧の立場の変化がある。オバマ政権の気候変動対策への取り組み姿勢が徐々に後退し，また，EU が条件付きながら京都議定書「延長」容認に方針転換したことから，将来枠組み構築のモメンタムが下がった。その一方で，途上国は京都「延長」問題ではもともと一致していたため，国際交渉では京都議定書「延長」実現に向けた圧力が強く働くことになった（カンクン・シナリオ）。日本の立場が変わったわけではない。各国の立ち位置の変化により，国際交渉の力学が変わったのである。

　このカンクン・シナリオを回避しつつ，なおかつ COP16 を成功に導く（少なくとも失敗させない）にはどうすればよいか。

図表2-1　2010年の気候変動交渉の流れ

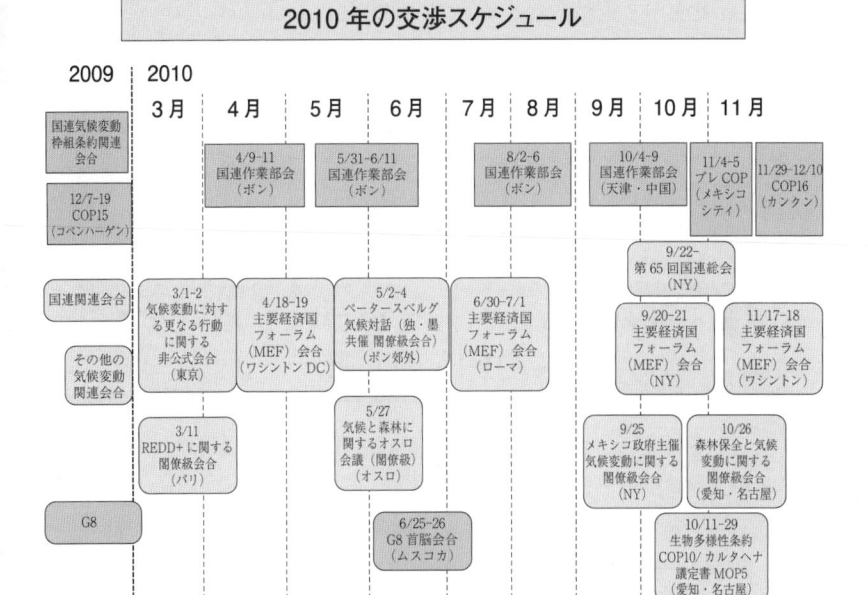

2010年の交渉スケジュール

2009	2010年3月～11月

国連気候変動枠組条約関連会合
- 12/7-19 COP15（コペンハーゲン）
- 4/9-11 国連作業部会（ボン）
- 5/31-6/11 国連作業部会（ボン）
- 8/2-6 国連作業部会（ボン）
- 10/4-9 国連作業部会（天津・中国）
- 11/4-5 プレCOP（メキシコシティ）
- 11/29-12/10 COP16（カンクン）

国連関連会合
- 3/1-2 気候変動に対する更なる行動に関する非公式会合（東京）
- 4/18-19 主要経済国フォーラム（MEF）会合（ワシントンDC）
- 5/2-4 ペータースベルグ気候対話（独・墨共催 閣僚級会合）（ボン郊外）
- 6/30-7/1 主要経済国フォーラム（MEF）会合（ローマ）
- 9/22- 第65回国連総会（NY）
- 9/20-21 主要経済国フォーラム（MEF）会合（NY）
- 11/17-18 主要経済国フォーラム（MEF）会合（ワシントン）

その他の気候変動関連会合
- 3/11 REDD+に関する閣僚級会合（パリ）
- 5/27 気候と森林に関するオスロ会議（閣僚級）（オスロ）
- 9/25 メキシコ政府主催気候変動に関する閣僚級会合（NY）
- 10/26 森林保全と気候変動に関する閣僚級会合（愛知・名古屋）
- 10/11-29 生物多様性条約COP10/カルタヘナ議定書MOP5（愛知・名古屋）

G8
- 6/25-26 G8首脳会合（ムスコカ）

出典：外務省資料

　これが日本の交渉関係者が直面した課題であった。

　第2章では，コペンハーゲンCOP15からカンクンCOP16に至る，2010年の気候変動交渉と日本の対応を紹介することとしたい。日本の交渉関係者がこの難題を処理するに際し，いかなる問題意識で臨み，実際に行動したかを垣間みていただければ幸いである。

　なお，本章末尾の筆者所感において，COPでの交渉をNHKスペシャルドラマ「坂の上の雲」になぞらえるくだりがある。2009年から3年間放映されたこのドラマは，ちょうど放映のタイミングが毎年のCOP本番に重なっていたため，COP終了後に録画をまとめて観るのが年末のささやかな楽しみだった。交渉での興奮の余韻

第2章　カンクン COP16：京都議定書「延長」問題を巡る攻防

冷めやらぬ中で観ていたせいか，おのずと，「武器無き戦争」たる気候変動交渉と重ね合わせていたのかも知れない。

(注)　ここでいう京都議定書「延長」とは，米国を除く先進国が京都議定書の下，2013年以降も新たな数値目標を掲げて第2約束期間を設定することをさす。京都議定書自体に期限はなく，議定書にも延長手続きはない。他方，第2約束期間設定を指して俗に京都議定書「延長」とよばれることが多いので，便宜的にこの表現を用いることとする。

❶ 主要各国にとってのコペンハーゲン COP15 の意味

COP15 は交渉に参加した国々にそれぞれ苦い教訓をもたらした。特に，議長国デンマークを含む欧州の落胆は大きかった。200人近い首脳級を集めながら，多くの参加者に不満を残し，中途半端な成果文書しか作れなかったデンマークは面目を失った。また，コペンハーゲン合意も，根幹の部分は，欧州抜きの米国と新興国（中，印，ブラジル，南アフリカ）のやりとりで決まり，それを追認する立場に甘んじざるを得なかったことは，長年，環境分野でのマルチ外交を主導してきたとの自負が強かった欧州の自尊心を痛く傷つけることとなった。

新興国は存在感を見せつけたが，無傷ではなかった。特に，あらゆる機会でネガティブな発言を繰り返し，合意形成を妨げた中国の立ち居振る舞いは，先進国のみならず脆弱国など途上国からも反発を招いた。

米国は，コペンハーゲン合意作成の最終段階で，オバマ大統領が文字通り各国首脳の間を駆け回り，COP15を完全な失敗から救い，自国にとって望ましい形の合意を確保した。他方，事前の期待が高

かった分，オバマ政権の指導力にも疑問符がつけられた。2010年に入ってから，気候変動分野でのオバマ政権の指導力はかげりが見られるようになる。

　日本はと言えば，上記の主要各国に比べると，COP15は比較的しのぎやすい場であった。日本が表明した中期目標の「前提条件付マイナス25％」や途上国支援パッケージの「鳩山イニシアティブ」が，交渉ポジションを支えていたのは言うまでもない。しかし，COP15が不調に終わり，当面は将来枠組みが見込めず，来るCOP16の交渉の焦点は京都議定書「延長」に当たることが予想された。そして，それは現実になり，COP16は日本にとって正念場となった。

❷ 年前半（1月～5月）の動き

(1) マルチラテラリズムの立て直し

　各国ともそれぞれCOP15の教訓を踏まえた交渉戦略を見直す中，2010年の年明け早々の課題は，コペンハーゲンで傷ついた国連の多国間主義（マルチラテラリズム）への信頼をいかに立て直すかであった。

　COP16の議長国メキシコが年明け早々より，精力的に動いた。COP15の現場を最後まで見届けていたカルデロン・メキシコ大統領の裁断により，COP16議長は従来のような環境大臣ではなく，エスピノサ外務大臣が指名された。その下にマルチの国連交渉に経験の長いアルフォンソ・デ・アルバ特使が任命された。気候変動交渉が単なる環境問題ではなく，複雑な外交交渉であると見越しての判断である。エスピノサ外務大臣自身も職業外交官出身である。こ

第2章　カンクンCOP16：京都議定書「延長」問題を巡る攻防

のエスピノサ〜デ・アルバのラインがメキシコ政府代表団の中核として機能していた。彼らが，年明け早々より主要各国を回ったり，非公式会合を主催したりして，各国の交渉スタンスを確認しつつ，COP16に向けた道筋を描こうとしていた。

(2) 国際交渉の動き

国際交渉は，3月に日本がブラジルとの共同議長により東京で開催した「気候変動に対する更なる行動に関する非公式会合」を皮切りに，4月以降，国連作業部会（4月ボン）や，メキシコ主催の非公式会合（3月メキシコ，5月メキシコ），米国主催の「主要経済国フォーラム（MEF）」（4月ワシントン）が順次開催される形で進んだ。また，BASIC（中国，インド，ブラジル，南アフリカ）など一部の国々による会合も開催されていた。

この年の前半の主要課題は，COP15で「留意」されるにとどまったコペンハーゲン合意の正統性（legitimacy）を高めることであった。出来るだけ多くの国々がこの合意への賛同を表明し，同合意に基づいて，先進国，途上国とも自国の温暖化対策目標を国連事務局に提出（inscription）するように持っていくことが重要な課題となったが，各国の立場には開きがあった。

日本を含む先進国は，コペンハーゲン合意への賛同表明と削減目標の提出を率先して行うことにより，できるだけ多くの国々に対し同様の対応を促し，コペンハーゲン合意の正統性を高め，同合意をベースにカンクンで包括的枠組みを作っていこうと考えていた。

これに対し，BASIC諸国は期限より遅れて3月頃にコペンハーゲン合意への賛同表明と温暖化対策の提出を行ったが，その発想は先進国とはかなり異なっていた。国連交渉の基本はあくまでCOP13以来の2トラックアプローチであり，コペンハーゲン合意は，この既存の交渉トラックを進めるに際しての政治的ガイダンス

に過ぎないとの発想である。コペンハーゲン合意を是認する点では先進国とは共通していても，先進国（とりわけ米）が，コペンハーゲン合意を従来の先進国，途上国の二分論を克服し，2トラックを統合する足がかりととらえているのとは根本的に異なっていた。

(3) 日本政府の対応

こうした国際交渉の流れに，日本政府も迅速に対応した。COP15の結果分析から，COP16では将来枠組みではなく，既存の京都議定書「延長」の勢いが強まり，日本にとって厳しい交渉になると予想していたことによる。具体的には以下のような対応をとった。

㈠ 議長国メキシコとのパイプづくり

まず，交渉の鍵を握る議長国メキシコとの十分な意思疎通である。年明け早々の1月に東京で開催されたFEALAC（東アジア・ラテンアメリカ協力フォーラム）外相会合，及びカルデロン・メキシコ大統領訪日のため，エスピノサ外相が2回続けて来日し，岡田克也外務大臣との間でCOP16に向けた連携を確認出来たのは有益だった（その後も，エスピノサ外相は11月の横浜APEC出席の他，7月にも気候変動問題についての協議を主要テーマに来日しており，この年は計4回来日することになる）。実務レベルでもデ・アルバ特使と杉山晋輔外務省地球規模課題審議官との間で，COP16で目指すべき成果，特に国際的な法的枠組みの問題について率直な意見交換ができたことは，その後の交渉を進めるうえでも有意義だった。筆者自身も，正式に気候変動課長に発令となった初日（1月15日）の仕事が，同特使と福山哲郎外務副大臣との会談への同席であった。以後，同特使とはCOP16本番まで様々な機会に顔をあわせることになった。

㈡ 国内対策の整備：地球温暖化対策基本法案の策定

国内対策の体制を整えることも，国際交渉における日本の主張に

第 2 章　カンクン COP16：京都議定書「延長」問題を巡る攻防

説得力を持たせるうえで大変重要である。2月から3月にかけては，「地球温暖化対策基本法案」が国内での精力的な議論の末，閣議決定され，国会に提出された。この法案は現行の「地球温暖化対策の推進に関する法律（温対法）」（京都議定書発効に伴い，「マイナス6％」目標を実施していくための国内体制整備の為に1998年制定）に替わるものとの位置づけであり，その主な内容は以下の通りである。

- 中期目標（2020年マイナス25％（前提条件付）），長期目標（2050年マイナス80％）の設定
- 温暖化対策推進の為の新たな3施策（地球温暖化対策税，再生可能エネルギー全量買取制度，国内排出量取引制度）の導入
- 政府全体で各種施策を総動員して実施していくための体制づくり（基本計画の策定，地球温暖化対策本部の設置など）

(ハ)　途上国支援の戦略的活用

気候変動分野における途上国支援をいかに活用していくかについては，若干の再検討を要した。

途上国支援は，国際場裏において大多数を占める途上国を味方に付けるうえで重要な鍵を握る。2007年末のCOP13でバリ行動計画が策定され，将来枠組みの交渉が本格化することが見込まれた2008年初め，日本は「クールアース・パートナーシップ」とよばれる，2012年までの5年間で100億ドルの支援策を表明した。この5年間は京都議定書の第1約束期間に合致しており，この間の将来枠組みを巡る交渉を有利に展開するためである。「クールアース・パートナーシップ」はその後，2009年夏の政権交代を経て，2010年から2012年までの3年間で150億ドルの支援策「鳩山イニシアティブ」に上積み，再編され，COP15が大詰めの段階で表明された。コペンハーゲンでの交渉妥結に貢献しようとしたわけである。

2　年前半（1月～5月）の動き

　結果は，「コペンハーゲン合意」ができたものの，正式な国連の合意には一歩及ばない中途半端なイメージが否めないものであった。また，一部の途上国が交渉の最終局面で，合意全体を壊そうとするかのような非建設的な振る舞いをしたこともあり，今後の途上国支援の進め方について考え方を再度整理する必要があった。

　気候変動交渉は終わったわけではなく，交渉手段としての途上国支援の重要性も変わらない。また，途上国支援は気候変動のためだけでなく，資源確保や，国際場裏での様々な問題での日本への支持確保など，多面的な目的を有する。たとえば，COP15で大暴れした国の1つに南米のボリビアがあるが，同国はレアアースのリチウム資源開発では重要なパートナーである。また，同じ2010年の前半は，ワシントン条約締約国会議で，クロマグロの国際規制を巡り日本と欧米諸国が対立していたが，多くの途上国が日本の支援に回ってくれたことで日本側が反対する規制案が否決されることになったこともあった。

　これらの事情を総合的に勘案しながら，政府部内で種々検討を重ねた結果，「鳩山イニシアティブ」を実施していくうえでの基本的考え方をまとめた「当面の実施方針」が，4月27日の閣僚委員会で了承された。途上国支援を今後の交渉を展開するうえでの重要な手段として改めて位置づけ，戦略的，機動的に活用していくこととしたわけである。

㈡　**森林保全分野での国際協力の推進**

　上述の国内対策と途上国支援に加え，さらに，日本側が気候変動交渉をリード出来る分野として注目したのが，森林保全分野である。

　ブラジルのアマゾンやアフリカのコンゴ盆地，東南アジアなどの熱帯雨林は，多様な生物の宝庫であると同時に，CO_2の重要な吸収源でもある。そうした熱帯雨林が様々な社会経済的要因により減

第2章　カンクンCOP16：京都議定書「延長」問題を巡る攻防

図表2-2

REDD+（レッド・プラス）とは
*Reducing emissions from deforestation and forest degradation in developing countries

REDDとは、途上国における森林減少・劣化に由来する温室効果ガスの排出削減に関し、過去の推移等を下に将来の排出量の参照レベルを設定し、インセンティブ（資金等）を付与することにより、参照レベルからの削減を達成しようとする考え方。森林保全、持続可能な森林経営、森林炭素蓄積の増加に係る取組を含む場合には「REDD+」と呼ばれる。（バリ行動計画：Decision 1/CP.13, 1(b)(iii)参照）

REDD+の特徴

- 途上国の広大な熱帯雨林の吸収能力を活用する最も効果的な緩和策の1つだが、中長期的取組が不可欠。
- 先進国（クレジット獲得に関心）及び途上国（資金獲得に関心）の双方が、取組の加速化にコミット。
- 途上国のガバナンス、経済・社会構造、先住民族の権利、生物多様性保全等の様々な側面と密接に関連。
- 森林の状態や排出量の把握手法、参照レベルの設定方法等、技術的・方法論的課題の克服が必要。

気候変動と森林減少の関係

人為起源の温室効果ガスの排出内訳

REDD由来のGHG排出量は約2割

一酸化二窒素 7.9%　フロン類 1.1%
メタン 14.3%
化石燃料由来のCO₂ 56.6%
CO₂ 森林破壊、バイオマスの腐敗等 17.3%
CO₂ (other) 2.8%　出所：IPCC第四次報告書

- 途上国の森林減少等に由来する排出は世界の温室効果ガス排出量の約2割
- 京都議定書では、森林減少・劣化に由来する排出の削減（REDD部分）は対象外（ただし、植林プロジェクトはCDMの対象）
- COP15「コペンハーゲン合意」にREDD+の重要性、制度の早期設立の必要性が盛り込まれた。

クレジット化の可能性

過去の推移等を下に、対策を取らなかった場合の排出量を設定し、REDD+の取組実施後の実際の排出量との差を排出削減貢献分としてクレジット化。

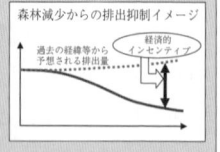

森林減少からの排出抑制イメージ
過去の経緯等から予想される排出量
経済的インセンティブ

- 先進国は、途上国の次期枠組への参加と自国の削減目標達成のためのクレジット獲得の両面で大きな関心。
- 途上国（森林国）は森林減少・劣化抑制への取組に対する先進国からの資金・技術供与に関心。
- 上のような手順が行われるためには、正確な森林減少・劣化による排出量の計測及び参照レベルの設定が必要。

出典：外務省資料

少・劣化することを防止することで、CO_2排出を抑制する活動がREDD（Reducing Emissions from Deforestation and forest Degradation）（レッド）と呼ばれるものである。これに植林を含めて、REDD+（レッドプラス）ということもある。

このREDD+は、COP13のバリ行動計画より、排出削減の主要交渉議題となり、先進国と途上国の立場の違いが相対的に小さい分野とされていた。先進国は途上国の熱帯雨林保全に貢献することで

自らの排出削減にカウント出来るようになる。途上国は先進国からの資金・技術が期待出来る。双方にメリットがあると目されたのである。COP15 でも、全体の交渉の雰囲気が険しい中、日米欧などの先進国や一部の途上国の間で、この REDD+ の協力を進めていこうという機運が出ていた。

こうした中、3月にフランスがパリで、5月にノルウェーがオスロで相次いでこの REDD+ に焦点を当てたハイレベルの国際会議を開催した。森林保全の分野で声を上げる事で、ひいては気候変動交渉全般をリードしていこうという狙いである。日本は元々、森林保全分野の途上国支援では最大級の実績を誇り、森林状態を把握するのに効果的な衛星技術も有している。この年の後半には森林保全と関連の強い生物多様性条約の COP10 も名古屋で開催される。当然、日本がこの分野での国際協力を主導できると思われた。5月のオスロ会合には福山外務副大臣が出席したが、「REDD+ パートナーシップ」とよばれる国際協調の枠組みが立ち上げられ、ここで日本はパプアニューギニアとともに年末まで共同議長を務めることになった。

❸ 年後半（6月〜11月）の動き

1年の交渉の中間地点である6月は、例年ボンで中間会合が行われる。6月2日の鳩山総理の退陣表明に始まる一連の国内政治の動きとも重なった。環境分野での国内の政治リーダーシップの政策の方向性を見極めつつ、待ったなしの国際交渉にいかに対応するかに腐心した時期である。

第2章　カンクンCOP16：京都議定書「延長」問題を巡る攻防

(1) 国際交渉の動き

国連作業部会（6月ボン，8月ボン，10月天津），メキシコ主催非公式閣僚級会合（9月ニューヨーク），プレCOP（11月メキシコ），MEF（7月ローマ，9月ニューヨーク，11月ワシントンDC）と，様々な会合が断続的に開催された。

年前半からの課題である，コペンハーゲン合意に国連での正統性を与える努力は続けられた。並行して，国連作業部会ではコペンハーゲン合意を実施（operationalize）するための合意文書の作成が期待されたが，数で多数を占める途上国関係者の声におされ，その内容は先進国から見ればコペンハーゲン合意から後退しがちであった。

こうした中，議長国メキシコには，強いリーダーシップを発揮することへの期待が寄せられた。一方，メキシコは，透明性確保のため様々な非公式会合を頻繁に行ったものの，あくまで締約国主導（Party driven）のプロセスが中心であるとの立場を崩さず，少なくとも表向きには議長国としてのイニシアティブを発揮しようとしなかった。COP15前に前議長国デンマークが独自の文書を作成して秘密主義との強い批判を浴びた教訓によるものである。

一連のプロセスの中で，カンクンで目指すべき成果についての期待値は徐々に下げられた。法的拘束力ある包括的枠組みの合意をカンクンまでにつくることは，議長国メキシコを含め誰も考えておらず，主要論点についての「バランスのとれたパッケージとしてのCOP決定」を目指すべきと皆が唱えるようになっていた。

ただし，何をもってバランスがとれているとするのか，コンセンサスはなかった。先進国は，交渉における主要論点の間，とりわけ「排出削減（緩和）及びMRV（測定・報告・検証）」と「資金」の間のバランスが重要と主張した。途上国に援助をする以上は，途上国の気候変動対策とそれをチェックする仕組みづくりが不可欠であり，

両者のバランスが必要との発想である。これに対し途上国は，既存の2つの交渉トラックの間のバランスにこだわった。すなわち「条約作業部会」での将来枠組みに向けた前進は，「議定書作業部会」での京都議定書「延長」に向けた前進とのバランスが図られるべきとの立場であった。先進国が全ての国を対象とする将来枠組みを望むなら，まずは既存の枠組みである京都議定書「延長」により先進国が排出削減（緩和）の範を示すべきとの論理である。

(2) 主要各国の対応

この時期には，COP16に臨む関係各国のスタンスも徐々に明らかになってきた。それは，COP15に至るプロセスとは大いに異なる状況であり，京都議定書「延長」問題を巡り，日本にとって厳しい交渉を予想させるものであった。

(イ) 米　　国

気候変動交渉に戻ってきたことを高らかに謳い，下院で国内排出量取引法案を通過させるなどして，COP15での将来枠組み構築に向けた国際社会の期待を高めた前年と異なり，米国の動きは徐々に鈍くなっていた。COP15での中国を始めとする新興途上国の頑なな態度が幻滅を招いたこともあろうが，それ以上に国内要因が大きかった。

上院では，国内排出量取引法案が紆余曲折を経ながら結局頓挫したほか，COP16直前の11月の中間選挙での民主党の敗北はオバマ政権にとってダメージとなっていた。気候変動交渉の現場でも，トッド・スターン気候変動特使率いる米国交渉団の発言のトーンは前年と比べ頑なになっていったように思われた。

(ロ) 欧　　州

COP15での対応と比較して，最も対照的な方針転換を見せたの

第2章 カンクンCOP16：京都議定書「延長」問題を巡る攻防

が欧州である。COP本番を1カ月後に控えた10月の欧州環境大臣会合でEUはCOP16に向けた交渉ポジションを決定した。その核心は，それまでの1つの新たな法的枠組みを志向する立場から，一定の条件の下，京都議定書「延長」を容認するとのパラレル・アプローチへの転換である。途上国寄りの姿勢をにじませたのである。このEUの方針転換の背景には，途上国との関係や域内排出量取引市場への影響，環境NGOの突き上げなど，様々な要因があったと推測される。

日本としては，こうしたパラレル・アプローチは，一部の先進国のみが義務を負う現状の固定化につながり，新たな枠組みの構築のモメンタムを失わせるため，マイナスであるとの懸念をもっていた。これに対しEUは，京都議定書「延長」に前向きの姿勢を示すことで途上国側にボールを投げ返し，むしろ交渉促進につながるレバレッジとなるという見方であり，やりとりはかみあわなかった。

(ハ) 新興途上国

COP15の最終局面におけるオバマ大統領とBASIC（中国，インド，ブラジル，南アフリカ）4カ国首脳が協議している写真は，米国と渡り合う新興国のプレゼンス増大を象徴的に示すものであった。その後も，年明けからBASICは3カ月に1回閣僚級会合を持ち回りで開催して結束を誇示し，存在感を示そうとしてきた。

法的枠組みについての，彼らの主張は終始一貫していた。すなわち，1) 京都議定書締約国の先進国は京都議定書「延長」により削減義務を負うべし，2) 京都議定書締約国でない先進国（米国）は1) と同等の削減義務を負うべし，さすれば，3) 自らは，先進国からの支援を前提に自発的な形（義務ではない）で緩和行動をとる，というものである。彼らからすれば，これこそがCOPで正式に承認されたバリ行動計画の下での2トラックアプローチであって，コ

ペンハーゲン合意はこうしたプロセスを進めるうえでの政治ガイダンスに過ぎず，既存の交渉トラックを代替するものではない，というのである。

この論理からしても，新興途上国にとっての京都議定書「延長」の持つ意味が読み取れる。すなわち，自国の経済発展を制約する法的な削減義務の議論を先進国のみにとどめようとする，いわば防火壁（ファイアーウォール）としての役割である。

もっとも，BASIC閣僚声明では，G77+中国の結束がことさら謳われたり，脆弱途上国への支援が取り上げられたりしているのをみると，新興途上国自身も多数を占める脆弱国からの圧力を感じているように思われた。

㈡ 脆弱途上国

小島嶼国やアフリカ，低開発途上国（LDC）といった脆弱国も，京都議定書「延長」の立場であった。ただし，その意味合いは新興途上国とは異なる。彼らにとっては，先進国のみならず新興途上国を含む全ての主要国をカバーする新たな法的枠組みが最も望ましい。それが直ちに実現することは困難なため，せめて現行の京都議定書だけでも「延長」して欲しいという論理である。

以上見たように，全般的な流れとしては，米国がオバマ政権当初の勢いを失ったこと，EUが京都議定書「容認」のパラレル・アプローチに転じたこと，新興国と脆弱国の間の立場の違いはあるものの，途上国は京都議定書「延長」要求では一致していたことなどから，COP16での交渉は，将来枠組み構築の勢いが弱まり，京都議定書「延長」の勢いが強く増すことが予想された。

これを，概念図で表すと**図表2-3**のようになる。日本の目指すものとは反対の方向に力学が強く働くということであり，厳しい交渉が予想された。

第 2 章　カンクン COP16：京都議定書「延長」問題を巡る攻防

**図表 2-3　各国の気候変動交渉の立場と交渉シナリオ
（カンクン・シナリオ）**

すべての主要国が参加する新しい包括的枠組みの構築

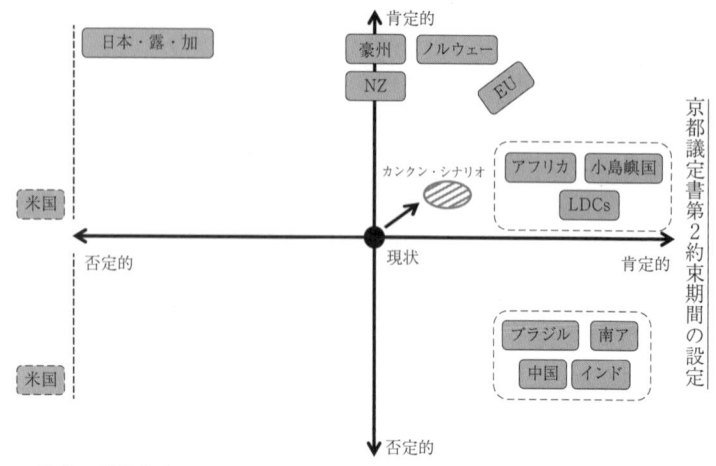

（図：縦軸「肯定的／否定的」が「すべての主要国が参加する新しい包括的枠組みの構築」、横軸「否定的／肯定的」が「京都議定書第2約束期間の設定」の二次元マップ。各国の配置は以下の通り：
- 左上（否定的・肯定的）：日本・露・加
- 上（中央やや左、肯定的）：豪州／NZ
- 上（中央やや右、肯定的）：ノルウェー、EU
- 中央やや右上：カンクン・シナリオ（矢印）
- 右上：アフリカ、小島嶼国、LDCs
- 左中央：米国
- 右下：ブラジル、南ア、中国、インド
- 左下：米国）

出典：筆者作成

（3）日本政府の対応

こうした中, 日本政府はどのような対応をしたか。主なものは以下の通りである。

(イ) 途上国支援の着実な実施

まずは, 短期支援（Fast Start Finance）とよばれる 2010 年から 2012 年までの途上国支援のコミットメントの着実な実施である。前述の「当面の実施方針」を踏まえ, 各国の交渉ポジションをきめ細かくみながら実施していった。COP16 前の 2010 年 9 月の段階での支援実績は, 150 億ドルのコミットメントのうち, 約 72 億ドルに上る。あわせて, 交渉前進に向けた連携を働きかけた。特に, アフリカ, 小島嶼国などの脆弱国は, 本来, 日本が主張する全ての主要排出国（新興途上国を含む）の参加する公平で実効的な国際枠組

3 年後半（6月〜11月）の動き

みから恩恵を得る国々であり，粘り強く働きかけた。

(ロ) REDD+パートナーシップ閣僚会合（「森林保全と気候変動に関する閣僚級会合」）の開催

COP16本番1カ月前の10月には，名古屋でREDD+パートナーシップ閣僚級会合を日本とパプアニューギニアの共同議長により開催した。日本は前原誠司外務大臣，パプアニューギニアはアバル外務貿易移民大臣が共同議長を務め，閣僚級を含む約62カ国，関係国際機関及びNGO等の代表が参加した。生物多様性条約COP10の開催期間中であり，世界の環境交渉の担当閣僚が名古屋に集っており，その多くは1カ月後にカンクンでの国連気候変動枠組条約COP16にも出席する。この機会に日本主導の会合を開催することは，COP16に向けた地ならしという面でも重要な意味がある。前原外務大臣は，参加したメキシコのエルヴィラ環境大臣と個別に会談を行い，COP16の成功に向けた日本とメキシコの緊密な協力を確認した。

この会合では，REDD+分野での各国の支援表明の積み増しや，2011-12年の間の活動計画の骨格を固めた共同議長サマリーを出し，一定の成果をあげることができた。比較的地味なテーマである森林保全の重要性について日本国内の関心を高め，関係機関間の連携を強めることが出来た点でも，今後につながる意義があった。

(ハ) 2国間オフセット・クレジット制度構築に向けた対応

2国間オフセット・クレジット制度の構築について一部の関心国との間で協議を探求し始めたのもこの頃である。

この2国間オフセット・クレジット制度というのは，現行の京都議定書の下でのクリーン開発メカニズム（CDM）のような，先進国が途上国における排出削減支援を自国の削減目標にカウントできる仕組みを，国連の下部組織ではなく2国間でつくるというもので

ある。CDM に比べて、対象分野を拡大し手続きも簡素化して、低炭素成長に貢献するインフラ整備への迅速な投資を促そうとするものである。それまで経済産業省と環境省が一部の対象候補国／セクターにおいて実証事業（FS：Feasibility Study）を実施していたが、これに外務省が加わり、一部の国々との間で正式な政府間協議の俎上にのせる働きかけを行った。この結果、10 月のシン・インド首相訪日の際の日印共同声明、および菅直人総理のベトナム訪問の際の日越共同声明とグリーン・メコン行動計画において本制度の協議に関する表現が盛り込まれ、その後の実務レベルの協議を行う足がかりを得ることができた。

㈡ 京都議定書「延長」問題に向けた対応の検討

もちろん、京都議定書「延長」問題が交渉で焦点になった場合の対応についても、様々なシナリオを想定して対応ぶりを検討した。これはコペンハーゲン合意に基づき、各国が提出した数値目標がCOP の成果文書でいかに扱われるかという問題に関連している。この点の顛末については、第 5 章で詳述することとする。

なお、ここで強調しておきたいのは、日本側関係者が、この京都議定書「延長」問題を法的問題としてではなく、政治的・外交的問題としてとらえていたということである。

法的観点からは、京都議定書の手続上、日本が自らの意思に反して第 2 約束期間に入ることはあり得ない。第 2 約束期間の設定は議定書第 21 条 7 の規定に従い、各国の数値目標がリストアップされている附属書 B の改正により決定される（議定書第 3 条 9）。その第 21 条 7 では、附属書 B の改正が議定書第 20 条に定める改正手続に従って採択され、効力を生じるとしつつ、但し書きで、「関係締約国の書面による同意（the written consent of the Party concerned）」を得た場合にのみ採択されるとしている。一連の手続きの流れは**図表**

3 年後半（6月〜11月）の動き

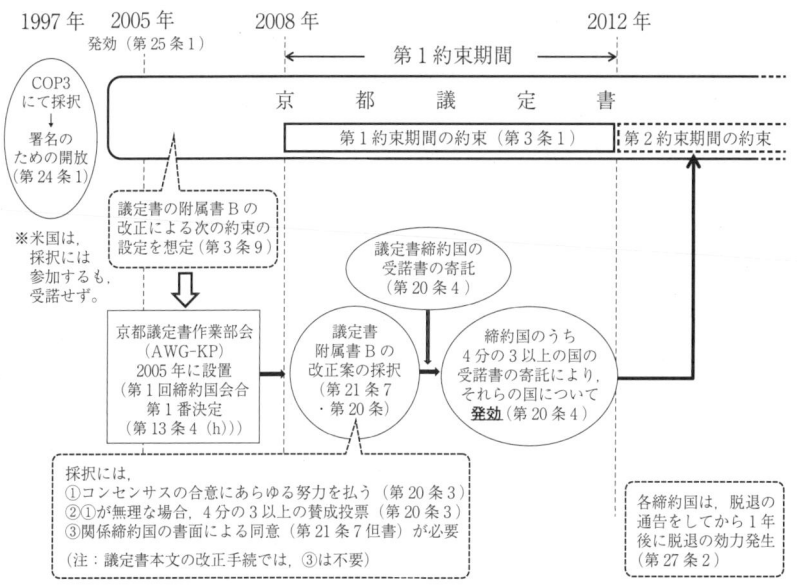

図表2-4 京都議定書「延長」手続きの流れ

```
1997年  2005年        2008年                              2012年
        発効(第25条1)          第1約束期間
┌────┐  ┌──────────────────────────────────────────────────────┐
│COP3│  │           京   都   議   定   書                     │
│にて採択│  │    ┌──────────────────────────────────┬──────────┐
└─┬──┘  │    │   第1約束期間の約束（第3条1）      │第2約束期間の約束│
  ↓    │    └──────────────────────────────────┴──────────┘
署名の
ための開放
（第24条1）
```

議定書の附属書Bの改正による次の約束の設定を想定（第3条9）

※米国は、採択には参加するも、受諾せず。

京都議定書作業部会（AWG-KP）2005年に設置（第1回締約国会合第1番決定（第13条4 (h)））
→ 議定書附属書Bの改正案の採択（第21条7・第20条）
← 議定書締約国の受諾書の寄託（第20条4）
→ 締約国のうち4分の3以上の国の受諾書の寄託により、それらの国について**発効**（第20条4）

採択には、
①コンセンサスの合意にあらゆる努力を払う（第20条3）
②①が無理な場合、4分の3以上の賛成投票（第20条3）
③関係締約国の書面による同意（第21条7但書）が必要
（注：議定書本文の改正手続では、③は不要）

各締約国は、脱退の通告をしてから1年後に脱退の効力発生（第27条2）

出典：外務省資料

2-4のとおりである。したがって、日本が自らこの書面の同意を出さない限り、第2約束期間に入る、すなわち京都議定書「延長」に含まれることはない。この点について、日本は一種の「拒否権」を有していると説明したこともあるが、拒否権が行使という作為を伴うのに比べ、こちらは書面の同意を出さないという不作為の継続のみで足りる。つまり、何もしなければ、京都議定書「延長」を押しつけられることはないのである。

もちろん、それは気候変動交渉において何もしなくてよいことを意味しない。なぜ、日本は自らがCOP3の議長国として採択を主導した京都議定書について、議定書そのものからは脱退しないにせよ、その根幹である第2約束期間に入らないのか。京都議定書「延

長」に入らないとすれば，日本はいかなる国際枠組みを目指すのか。日本自身の排出削減努力はどうするのか。これらの問いに対し，十分な理論武装をして応えることができなければ，国際場裏で厳しい立場に立たされ，外交的コストも高くなるのみならず，日本国内での足並みの乱れを招くことになる。

京都議定書に関する日本の原則的立場を堅持しつつ，いかにCOPの交渉を乗り切るか。様々なケースを想定しながら，いろいろなオプションを検討していった。

❹ COP16本番

かくして，1年の交渉の総決算であるCOP16を迎えた。

前述の通り，コペンハーゲン以後の交渉の流れから，京都議定書「延長」論は盛り上がりを見せており，日本が交渉の矢面に立たされる事は，十分予想されていた。京都議定書「延長」問題に対しては，日本は賛同出来ないとの立場を一貫して内外に表明してきており，既に国際交渉の現場では十分に浸透していたが，それでもCOP本番では，改めて相当の反響を呼ぶと思われた。一方，国内では，主要メディアの論調，経済界の動向，国政の場での議論からすれば，この問題についての日本政府の方針は概ね妥当と受け止められていた。

COP16に際し，日本政府代表団としていかなる交渉方針で臨むかについては，2010年11月30日に開催された菅総理以下の関係閣僚からなる閣僚委員会で最終的に確認された。既に坂場三男COP16担当大使以下の実務レベルからなる日本政府交渉団の第1陣が現地入りし，第1週が始まったタイミングである。他にも様々

な論点があるものの，京都議定書「延長」に対し，いかなる条件であれ受け入れないとの従来からの立場について揺らぐことはなかった。

筆者は，一連の国内での意思決定プロセスの準備に関わっていたので，第1週は東京から現地の状況を見守っていた。

海外メディアの取材を受ける山田彰外務省参事官（2010年11月29日，日本政府代表団関係者撮影）

(1) **第1週（2010年11月29日〜12月5日）**

はたして，京都議定書「延長」問題で日本が矢面に立たされるタイミングは予想外に早くやってきた。COP16初日である。議定書作業部会（AWG-KP）全体会合での日本政府代表団のステートメントにおける「いかなる状況や条件でも，第2約束期間設定のため附属書Bに数字を書き込むことはしない」との発言が強い反響をよんだのである。

海外メディアには「捕鯨など一部の問題を除けば，普段は国際会議で強い主張をしない日本が，珍しく主張をした」と驚きを示したもの，「交渉開始早々に日本は爆弾（bombshell）を落とした」といった過激な表現で日本の対応を批判したものなど，様々な記事が出た。現地では，外務省の山田彰参事官が海外メディア向けの会見を行っていたが，実務レベルでの会見にしては珍しく人だかりがするほどの盛況であった。COP16開始以来，筆者自身は東京からインターネットで，海外メディアの報道振りを毎日チェックしていたが，「Japan, Kyoto Protocol」といったキーワードで検索すると大

第2章　カンクンCOP16：京都議定書「延長」問題を巡る攻防

量の記事を目にする毎日であった。

　現地の環境NGOも，毎日現場で発行するニュースレターで「京都議定書を生んだ日本が，なぜ京都議定書を『殺す』のか」といった感情的トーンでの批判を強め，NGO主催イベントで「本日の化石賞」を日本に授与するといったパフォーマンスを繰り広げた。日本でも首相官邸や外務省の広報部門に対し，海外からの照会，申し入れの類のメールが殺到しているとの話が寄せられた。一方，各国交渉団は，途上国代表団を中心に「残念だ」との反応が多かったものの，「日本の立場は，従来より表明されていたもので，驚きではない」といった比較的冷静な反応が多かったように思う。

　いずれにせよ，交渉責任者は冷静に対応しなくてはならない。集中豪雨的なメディア報道に浮き足立つのが最も禁物である。まずは，東京より日本側の現地代表団に指示を出し，COP16の交渉全体を見る立場にある議長国メキシコ政府の関係者（ゴメス・ロブレド外務次官，デ・アルバ特使など）や，議長国を支える条約事務局関係者（フィゲレス条約事務局長）と緊密に接触を図った。そして，日本として京都議定書第2約束期間についての立場を変えることはないが，その前提において，COP16を成功に導くために議長国を支える姿勢に変わりはなく，日本としても積極的に知恵を出していきたいとのメッセージを伝えた。

(2) **第2週（2010年12月6日〜11日）**

　第1週目の実務レベルの交渉でさしたる進展のないまま（第1週に進展がないのは毎回のことではある），第2週に入った。

　第1週目の週末から第2週にかけて，各国の閣僚級代表団が順次現地入りをした。日本からも，松本龍環境大臣，山花郁夫外務大臣政務官，田嶋要経産大臣政務官，田名部匡代農水大臣政務官が相次いで現地入りし，外務省事務レベルでは，杉山地球規模課題審議官

4 COP16本番

が松本環境大臣に，筆者が山花政務官にそれぞれ同行する形で現地に入った。

カンクンはメキシコ東岸のリゾート地である。筆者は，米国在勤中の2001年冬に旅行で訪れたことがあった。カリブ海に面し，気候は温暖，食事も美味しい。近郊にはマヤ文明のピラミッド遺跡もある。プライベートで訪れるにはとてもよい所である。今回COP16が開催された国際会議場も海辺に位置するリゾート型であり，緑に囲まれた宿泊施設のヴィラが隣接し，施設内のレストランでは，ボリュームたっぷりのメキシコ料理はじめ各国料理を堪能することができる。既に第1週から現地入りしている各国代表団もノーネクタイの軽装で闊歩しており，一見リラックスした雰囲気である。

だが，筆者はとてもリラックスした気分にはなれなかった（食事はきちんと摂ったが）。COP15のときもそうだが，ヤマ場は第2週の後半，最後の3日間である。その頃会議の行方はどうなっているであろうか。日本代表団はどのような状況に置かれるだろうか。もし最終日の全体会合の席上で，日本側にとって厳しい内容の成果文書案が提示され，「日本が受け入れれば会議は成功，受け入れなければ失敗」といった形でプレッシャーがかかった場合，いかなる対応をするのか。本国とはどのように連絡をとり，いかなる最終判断を仰ぐのか。様々なシナリオが頭の中を巡っていた。

各国閣僚級が現地入りしたあと，現地での交渉プロセスは複雑の度を増す。開会式や，ハイレベル・セグメントと呼ばれる各国閣僚が順次ステートメントを読み上げる，やや儀礼的な公式スケジュールが進む。その一方で，裏では各国が個別に2国間会談をこなして精力的に情報交換を行い，また議長国のイニシアティブで非公式会合が不定期に開かれる。最終的には，条約上の最高意思決定機関である締約国会議（COP）決定に結実するわけだが，それに至るプロ

第2章　カンクンCOP16：京都議定書「延長」問題を巡る攻防

セスに定石なるものは，ない。

　第2週の初日の12月6日月曜日，議長国メキシコにより新たな動きがみられた。各国間の立場の違いが大きい主要テーマについてファシリテーター（facilitator）を指名し，その采配により，当該テーマについての合意形成を促そうとしたのである。ファシリテーターとは交渉を文字通り円滑にする（facilitate）ため，関心国に声をかけて少人数での率直なやりとりを促す役回りである。日本が最も高い関心を寄せていたテーマである京都議定書については，英国のクリス・ヒューン気候変動エネルギー大臣とブラジルのマシャード外務省局長が選ばれた。この2人のファシリテーターから，京都議定書問題での主要関係国として日本が呼ばれ，杉山外務省地球規模課題審議官が出席した。そこでの英国・ブラジルのファシリテーターと日本とのやりとりは，かなり激しいものになった。現場にいた関係者によれば，あたかも国際社会の「大義」を背負った風の両ファシリテーターが，日本を「被告席」に置くかのような形で京都議定書「延長」問題での妥協を迫る雰囲気であったという。当然，日本側も逐一反論した。個人的には，ファシリテーターが自らの立場に基づいて特定国に妥協を迫るこうしたやり方はフェアではなく，ファシリテーターの差し替えを議長国メキシコに要求する戦術もあり得ると思ったくらいである（実際には行わなかったが）。このやりとりは，数日後に日本の新聞の一面に掲載された。

　第2週に入っても，京都議定書「延長」問題についての日本の立場を巡る環境NGO，一部欧米メディアによる批判は続いた。10日付のフィナンシャルタイムズ紙（アジア版）には，日本の環境NGOの企画により，宮崎駿のアニメ「千と千尋の神隠し」をモチーフにした，京都議定書「延長」問題についての日本政府の対応を批判する意見広告が掲載された（比喩が高尚すぎて筆者はあまりよく理解できなかったが）。また，世界各国の首脳が，日本の翻意を促すため，

列をなして菅総理に電話会談を申し込んでいるとの英紙報道もあった（本件については，ある米紙記者から照会を受けたが，全くの事実無根であり誤報である）。もっとも，第1週に比べると批判のトーンは落ち着いており，日本の対応により中国，米国など主要排出国が義務を負っていない問題点が明らかになったとか，日本の対応は正直（honest）だという論調もみられるようになっていた。

　最終日の2日前の8日水曜日午後になり，ついに議長国メキシコが事態打開のため動き始めた。ファシリテーターを活用しつつ，主要論点毎のCOP決定，CMP決定のドラフティング作業が始まったのである。

　日本側の最大関心事はもちろん，京都議定書「延長」に関連する，各国の排出削減・緩和目標の扱いである。8日午後以降，断続的に少人数会合での協議が行われ，日本からは杉山地球規模課題審議官他が対応した。最終的に案文がまとまったのは，最終日の10日金曜日の午前3時頃である。その内容については，第5章で詳述するが，成果文書の本文のみならず，引用文書の形式から脚注にいたるまで，一言一句気を抜けない交渉であった。

　ほぼ徹夜の状態で，午前7時に代表団長の松本環境大臣に交渉結果を報告，さらに松本大臣より東京の菅総理大臣に電話報告を行った。あとは小人数会合での交渉結果がメキシコ政府の作成する全体テキスト最終ドラフトに一言一句違わず反映されるかどうか，全体会合でそれがどう扱われるかを見守ることとなった。なお，この間，東京でも，菅総理とキャメロン英国首相，パン・ギムン国連事務総長との間でCOP16の交渉に関する電話会談が行われた。

　最終日は，予定されていた全体会合はなかなか開かれず，ひたすら待つことになった。結局，メキシコが集約したCOP決定，CMP決定の最終ドラフトテキストが配布されたのは午後5時頃である。午後6時にCOP全体会合が再開された。議長のエスピノサ外相が

第2章　カンクン COP16：京都議定書「延長」問題を巡る攻防

最終日にエスピノサ議長を拍手で迎える各国代表団
(2010年12月11日，日本政府代表団関係者撮影)

　会場に入り議長席に着いた途端，会場内の多くの各国代表団がスタンディング・オベーション（総立ちによる拍手）で迎えた。配布された最終ドラフトに賛同するとの各国の意思表示である。カンクン合意は，実質この時点で決着したといえる。全体会合で紛糾したCOP15の苦い教訓を踏まえ，一部の国による反対演説を封じ込める無言の圧力でもあった。推測だが，最終日は，メキシコが個別に各国との調整を入念に行っていたと思われる。会議を「シャンシャン」で終えるための「根回し」である。

　実際にはボリビアの反対演説等もあり，最終的に一連の成果文書が採択されたのは，日付が変わった11日土曜日午前3時半過ぎであった。採択を見届けた松本環境大臣が直ちに菅総理に再度，電話報告を行った。その直後，東京とカンクンにおいて菅総理と松本環境大臣より，COP16を総括して「日本の京都議定書についての原則的立場を守りつつ，全ての主要国が参加する公平，実効的な国際

枠組みに向け前進するためのバランスのとれた合意ができたことを高く評価する」旨のメッセージが表明された。

❺ COP16の結果（カンクン合意）

　COP16の成果である「カンクン合意」を一言でいえば，COP15で作成されたコペンハーゲン合意を実施する（operationalize）ため必要な肉付けを行い，国連のCOP決定文書に位置づけたということに尽きる。

　コペンハーゲン合意は全部で12パラグラフ，カンクン合意はCOP決定とCMP決定をあわせて152パラグラフと分量は大きく異なるが，本質は同じである。コペンハーゲン合意の基礎があってこそ，カンクン合意もできたといってよい。もちろん，コペンハーゲン後の対立的ムードを克服して，最終的にボリビア以外の全ての国々の賛同をとりつけた議長国メキシコの粘り強い努力も賞賛されるべきである。

　一方で，最大の懸案であった法的枠組の議論，すなわち，将来枠組みをどうするか，京都議定書「延長」問題をどうするかという問題は，結局先送りされた。

❻ 所　　感

　COP16が京都議定書「延長」問題を巡り，日本にとって最も厳しい交渉になるであろうことは，COP15終了直後から認識してい

55

第2章　カンクンCOP16：京都議定書「延長」問題を巡る攻防

図表 2-5　カンクン合意（概要）

1. <u>先進国の緩和目標</u>：先進国（附属書Ⅰ国）が提出した緩和目標を記載した文書X（注1）を作成することとし，気候変動枠組条約締約国会議（COP）として，同文書に留意。また，削減目標を更に野心的にするよう要請。なお，京都議定書締約国会合（CMP）においても，上記と同様の内容を決定しているが，文書Xに目標を記載することは，各国の京都議定書第2約束期間に関する立場を予断しないものとされている。
   (注1) 文書X (FCCC/SB/2010/INF.X)
   コペンハーゲン合意に基づき提出された先進国（米国を含む。）の削減目標を条約事務局が公式文書として取りまとめるもの。

2. <u>途上国の緩和行動</u>：途上国（非附属書Ⅰ国）が提出した緩和行動を記載した文書Y（注2）を作成することとし，COPとして，同文書に留意。
   (注2) 文書Y (FCCC/LCA/AWG/2010/INF.Y)
   コペンハーゲン合意に基づき提出された途上国の削減行動を条約事務局が公式文書として取りまとめるもの。

3. <u>共有のビジョン</u>：工業化以前に比べ気温上昇を2℃以内に抑えるとの観点からの大幅な削減の必要性を認識し，2050年までの世界規模の大幅排出削減及び早期のピークアウトに合意。

4. <u>適応</u>：適応対策を強化するため，適応委員会の設立，最貧国向けの中長期の適応計画の策定等を含む新たな「カンクン適応枠組み」の設立を決定。

5. <u>市場メカニズム</u>：COP17での新しい市場メカニズムの構築を検討することを決定。

6. <u>途上国における森林減少及び劣化に由来する排出の削減等(REDD+)</u>：REDD+の対象範囲，段階的にREDD+活動を展開する考え方等の基本事項について決定。

7. <u>資金</u>：新たな基金（緑の気候基金）の設立及び同基金のデザインを検討する移行委員会（Transitional Committee）の設立を決定。

8. <u>技術</u>：技術メカニズム（技術執行委員会と気候技術センター）の設立を決定。

出典：外務省資料

た。実際，COP16本番はそのようになった。

　COP16の気候変動交渉を，2009年から3年間にわたり放映され

6 所　感

たNHKドラマ「坂の上の雲」になぞらえれば，さしずめ，以下のようになる。

COP15の後，気候変動交渉の振り子は，包括的枠組みの構築から京都議定書「延長」問題にシフトした。ちょうど，クリミア戦争後に帝政ロシアの南下政策の矛先が欧州方面から極東方面にシフトした如くである。これは，日本が国際交渉の真正面に立つことを意味していた。また，シベリア鉄道の増強とともに帝政ロシアの圧力が高まったように，COP16からCOP17，COP18と京都議定書第1約束期間の終了が近づくにつれ，京都議定書「延長」論の圧力が高まる事も容易に予想できた。時間は我々の側にはなかったのである。

このため，COP17でもCOP18でもなく，COP16において，全ての主要国が参加する包括的枠組みの構築につながらない京都議定書「延長」は，いかなる条件でも反対するとの原則論を明確に示すことは，最も適切な方針だと早い段階から確信していた。もちろん，短期的には交渉場裏での強い反発も予想された。それゆえ，途上国支援の着実な実施やREDD+パートナーシップへの取り組みなど交渉を後押しする努力は惜しみなく行った。しかし，京都議定書「延長」問題についての基本方針自体を変えるつもりは全くなかった。また，COP16で妥協せずに日本の立場を堅持し，国際社会に強く印象づけられれば，翌年以降はそれが出発点となり，交渉も進めやすくなるだろうとの読みもあった。京都議定書に関する原則的立場を確保することは，いわば，気候変動交渉における「203高地」の確保であったといってよい。

COP16が開幕すると，予想通り，日本の発言は国際場裏で確かに強い反響を呼んだ。環境NGOからは連日「化石賞」を贈呈され，一部の欧米メディアの批判的論調に，日本のNGO，メディアも追随した。

もっとも，COP16の期間を通して，一部メディアで報じられた

第 2 章　カンクン COP16：京都議定書「延長」問題を巡る攻防

ような，途上国からの強い批判，圧力に晒され続けたのかというと，必ずしもそうでもなかった。第 2 週に現地入りして以来，松本環境大臣や山花外務大臣政務官他が精力的に行った各国代表団との 2 国間会談に同席した記憶では，途上国との間でこの問題についての厳しいやりとりは特になかった。比較的率直だったのはインドのラメシュ環境森林大臣だったが，それも「日本の決定は regrettable だが understandable であり，この問題が良好な日印 2 国間関係に影響を与えるべきでない」との至極穏当なものである。この発言はインドのメディアにも報道されている。

　冷静に考えれば，こうした途上国の反応は当たり前のことである。京都議定書「延長」自体は，今や世界の 3 割弱の排出規模でしかない一部の先進国の排出削減を拘束する話だが，これ自体は，個々の途上国に直接的，具体的な恩恵をもたらすものではない（排出が減って，その分気候変動の影響が緩和されることが途上国の実感する恩恵とはとても言えない）。京都議定書「延長」が CDM への需要を増やし，具体的恩恵を受ける途上国はあるかも知れないが，裨益するのは一部の排出国のみであり，大多数の脆弱国には無関係である。ある欧州の交渉担当者は「京都議定書は多くの途上国にとりトーテムポールのような（シンボリックな形で崇め奉る）もの」と評していたが，言い得て妙である。途上国の真の関心はむしろ，途上国支援，森林保全，技術，キャパシティビルディングなどであり，これらについては，日本は様々な形で積極的に協力を行ってきた。

　むしろ，京都議定書「延長」問題で厳しいやりとりを行ったのは，欧州委員会や英国をはじめとする一部の欧州諸国との間である。英国のヒューン気候変動エネルギー大臣と日本の杉山地球規模課題審議官との間の応酬については既に触れた。コニー・ヘデゴー欧州委員と松本環境大臣との会談も，厳しいやりとりだったようである。これらは，京都議定書が途上国にとって重要である以上に欧州に

6 所　感

COP16終了後に静けさを取り戻した各国代表団宿舎（筆者撮影）

とって重要な枠組みであり，京都議定書レジームの最大の利害関係者（stakeholder）は欧州であることを示唆している。

なお，京都議定書「延長」問題の影に隠れてしまった感はあるが，カンクン合意はより広範な論点を包摂している。先進国・途上国双方のMRVシステムの構築，緑の気候基金の設置，技術メカニズム構築などである。いずれも，COP13以降，主に条約作業部会で議論され，コペンハーゲン合意に結実したものが基礎となっている。こうした地味だが，実務的な気候変動対策を動かすための様々な国際的インフラ構築こそが，カンクン合意の最大の成果といってよいかも知れない。この実務的な取り組みは翌年のダーバンCOP17にも引き継がれていく。

ともあれ，COP16は終わった。全ての日程が終わり，各方面への報告などの残務整理も終えて一夜明けた12日日曜日。帰りのフライトまでに若干時間の余裕があったので，海辺の砂浜を散歩した。青い空と海，白い砂浜。前日まで殆ど眼中に入らなかった景色が妙

第2章　カンクン COP16：京都議定書「延長」問題を巡る攻防

に眩しい。会議期間中は横目で見るだけだったプールの水に身体を浸す。まだ昂ぶっている神経が少しずつ落ち着いていくのが，心地良い。そして，来年の南アフリカでのCOP17に少しだけ思いを巡らせた。今年は何とか乗り切った，来年はどうなるのだろうか，と。

コラム②　COPの開催地について

　国連気候変動枠組条約締約国会議（COP）は毎年開催されるが，開催地は5つの地域グループ（西欧その他，アフリカ，アジア，東欧，中南米）の持ち回りとなっている。遅くとも前年までには，議長国が決まり，議長国が自国内で開催地を選定する。

　日本は，条約発効間もない頃に議長国に名乗りを上げ，1997年に第3回会議（COP3）を京都で主催し，京都議定書の採択にこぎつけた。会議場は京都市北東の左京区宝ケ池にある国立京都国際会館である。筆者は2005年のアジア欧州会議（ASEM）外相会合に携わった際，数日間現地に滞在したが，広々とした日本庭園に囲まれた風光明媚な所である。

　国際会議を成功に導けるか否かは，議論の内容もさることながら，会議が行われる環境もきわめて重要である。3つポイントを挙げるとすれば，「天候」「食事」「気配り」といったところであろうか。

　「天候」は陽が明るく，暑過ぎず，寒過ぎずの環境が望ましいのは言うまでもない。交渉が厳しくても天気が良ければ，それなりに気が晴れるし，逆に陰鬱な天気だと気持ちまで暗くなる。交渉全般の雰囲気にも影響を与える。自然現象なのでいかんともし難い面はあるが，開催時期が調整可能ならできるだけ良い時期を選ぶ，それが無理なら（エネルギー消費増にはつながるが）空調をきちんと備える必要があろう。

　「食事」も重要である。贅沢である必要はないが，温かくて十分な量の食事が，いつでも，リーズナブルな値段で食べられる事が重要である。参加者が空腹を余儀なくされると雰囲気は殺伐としてくる。「食い物のうらみ」はこわい。

　「気配り」は，会場内であれ，会場外の街中であれ，ホスト国の政

コラム②

府関係者，市民一般から，その国際会議と各国参加者を歓迎しているという気持ちが伝わってくるかという点である。参加者の側からみると，ホスト側の気配りの有無は様々な局面で感じられる。

筆者が実際に参加したコペンハーゲンCOP15とカンクンCOP16を比較すると，交渉内容で日本にとって厳しかったのはカンクンだったにもかかわらず，よりひどい目にあったのはコペンハーゲンだったという印象が残るのは，この３つの要素が大きい。具体的にはプロローグで触れたとおりである。

もっとも，コペンハーゲンの名誉のために付言すれば，同じ地で２カ月前の10月に開催された国際オリンピック委員会（IOC）総会は，爽やかな欧州の秋晴れの下，雰囲気も大変良いものであった。国際機関があちこちに所在し，大小様々な国際会議が日々開かれている欧州では，比較的小規模の都市であっても，会議受け入れのインフラ，ノウハウが蓄積されているところが多い。結局は，COP15が従来の常識を凌駕する前代未聞の会議であったということに尽きるのであろう。

翻って，日本の国際会議開催の力量はどうであろうか？

「天候」については，蒸し暑い真夏の一時期を除けば，日本の気候は総じて快適といえる。特に，桜や新緑の春，紅葉の秋などは快適に日本の美しい自然が楽しめる季節であり，大いに各国の人達に訪れてもらいたい時期と言える。例年３月に東京で開催する気候変動交渉の実務者会合や，2012年４月にお台場で開催した東アジア低炭素成長パートナーシップ会合などは，美しい日本の春を各国参加者に楽しんでもらう機会になっている。

「食事」の点でも，日本の豊かな食文化は世界に誇れるものであり，海外での外交活動と同じく，日本での国際会議においても，日本食や日本酒は重要な外交の武器になる。ただし，各国参加者の宗教・文化等によっては食事に制約がある人達もいるので，ヴェジタリアンなど別メニューを用意したり，いかなる食材が使われているか分かる様に多言語でのメニューを用意する等のきめ細かい配慮が必要であろう。

「気配り」も，日本は十分に素養がある。2010年に名古屋で開催

第 2 章　カンクン COP16：京都議定書「延長」問題を巡る攻防

された生物多様性条約の第 10 回締約国会議（COP10）には，森林保全の閣僚会合のため筆者も現地を訪れたが，多くの各国参加者から，日本政府のみならず，地元の人達のホスピタリティに対する賛辞が寄せられていた。難航した名古屋議定書が最後に採択されたのも，こうした交渉全般の雰囲気と無縁ではないであろう。

　国際会議の運営からは開催国の国柄，力量が見えてくる。COP の醍醐味の 1 つである。

第3章

3／11の衝撃とダーバンCOP17：
"Down but not out"

第3章　3／11の衝撃とダーバンCOP17："Down but not out"

はじめに

　COP16に至るプロセスで日本が直面したのが，京都議定書「延長」圧力という，外からの試練であったのに対し，COP17で直面したのは，2011年3月11日に発生した東日本大震災と福島第一原子力発電所の事故による内からの試練であった。

　前年の交渉で辛うじて「203高地」を確保したが，COP17では，将来枠組み構築と京都議定書「延長」問題が混然一体となって厳しい交渉が予想される，いよいよ「バルチック艦隊」がやってくると身構えながら様々な手を打ち始めた矢先の「連合艦隊」のエンジントラブルである。しかし，「武器無き戦争」たる気候変動交渉は日本を待ってはくれない。

　エネルギー政策が根本から見直しを迫られ，表裏一体の地球温暖化対策も立て直しを余儀なくされる中，「守り」のみに引きこもらず，いかに「攻め」の姿勢を維持し，交渉を乗り切っていくか。これが，COP17に臨む日本の課題であった。

　第3章では，前章に続き，カンクンCOP16からダーバンCOP17に至る2011年の気候変動交渉の流れと，日本の対応に触れることとする。

　COP16を境に，国際交渉の構図はまた様変わりしていた。京都議定書「延長」に入らないとの日本，ロシア，カナダの立場が既成事実になった事により，途上国による京都議定書「延長」圧力はEUに向くことになった。これに対しEUは，見返りとしての将来枠組み構築のハードルを引き上げつつ，脆弱国や国際NGOにアピールしながら，途上国の分断と，米，中，印（および露，日，加）など主要排出国に圧力をかける戦術をとった。京都議定書「延長」とともに将来枠組みへの道筋が描けるか，それとも京都議定書「延長」のみをEUなど限られた先進国が呑まされるかが，COP17の

はじめに

図表 3-1　2011 年の気候変動交渉の流れ

2011 年の交渉スケジュール

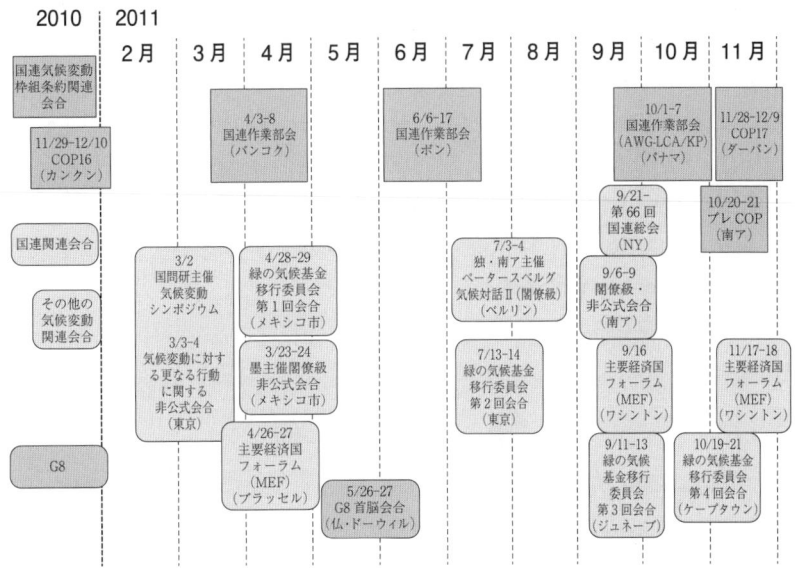

2010	2011 2月	3月	4月	5月	6月	7月	8月	9月	10月	11月
国連気候変動枠組条約関連会合			4/3-8 国連作業部会 (バンコク)		6/6-17 国連作業部会 (ボン)				10/1-7 国連作業部会 (AWG-LCA/KP) (パナマ)	11/28-12/9 COP17 (ダーバン)
11/29-12/10 COP16 (カンクン)								9/21- 第66回 国連総会 (NY)	10/20-21 プレ COP (南ア)	
国連関連会合		3/2 国問研主催 気候変動 シンポジウム	4/28-29 緑の気候基金 移行委員会 第1回会合 (メキシコ市)			7/3-4 独・南ア主催 ペータースベルグ 気候対話Ⅱ(閣僚級) (ベルリン)		9/6-9 閣僚級・ 非公式会合 (南ア)	11/17-18 主要経済国 フォーラム (MEF) (ワシントン)	
その他の気候変動関連会合		3/3-4 気候変動に対する更なる行動に関する非公式会合 (東京)	3/23-24 墨主催閣僚級 非公式会合 (メキシコ市)			7/13-14 緑の気候基金 移行委員会 第2回会合 (東京)		9/16 主要経済国 フォーラム (MEF) (ワシントン)		
G8			4/26-27 主要経済国 フォーラム (MEF) (ブラッセル)	5/26-27 G8首脳会合 (仏・ドーウィル)				9/11-13 緑の気候 基金移行 委員会 第3回会合 (ジュネーブ)	10/19-21 緑の気候基金 移行委員会 第4回会合 (ケープタウン)	

出典：外務省資料

焦点であった。

　日本は，万全とは言えない国内態勢ながら，全ての主要国が参加する公平かつ実効性のある国際枠組み構築に向けた道筋を描く具体的提案を行い，ダーバン合意の実現に少なからぬ貢献を行った。また，低炭素成長（Low Carbon Growth）の実現のため，先進国と途上国が連携して具体的協力を進める「世界低炭素成長ビジョン」を提唱した。東アジア低炭素成長パートナーシップ構想や，TICAD（アフリカ開発会議）の下でのアフリカ低炭素成長戦略づくり，アジア諸国を中心に協議を進めている2国間オフセット・クレジット制度などは，この「世界低炭素成長ビジョン」の一環であり，いずれ

65

第3章　3/11の衝撃とダーバンCOP17："Down but not out"

も2011年に本格化させている。

COP16と異なり，京都議定書「延長」問題で日本が注目されることは，もはやなかった。カナダの脱退騒動がメディアを席巻したせいもある。このため，従来からの「日本孤立論」に加え，「京都議定書『延長』問題での頑なな立場故に，日本は交渉から外された」云々の議論も散見された。Japan bashing 論から Japan passing 論への変質である。しかし，これは法的枠組みの問題を巡る国際交渉の構図を正しく捉えていない，的外れの議論である。日本は前年とは別の意味で苦しい状況だったが，国際交渉の真ん中で「守り」，かつ「攻めた」のである。

❶　「3/11」前

COP16が終わり，まず手がけたことは，COP16の結果を総括し，各国の評価についての情報を収集・分析し，COP17に向けた交渉プロセスを日本にとって望ましいスケジュール，議題設定で動かすことであった。例年3月に日本とブラジルが共同議長となって開催する「気候変動に対する更なる行動に関する非公式会合」（東京会合）は，国連交渉が始まる前の主要国の協議の場として国際的にも認知されていたので，それに向けて1，2月中に様々な準備を進めた。

2011年1月には，実務レベルの日本の交渉責任者である，外務省地球規模課題審議官の交替があった。杉山晋輔前地球規模課題審議官（アジア大洋州局長に異動）に替わり，新たに平松賢司地球規模課題審議官が着任した。平松新地球審は前職では経済局審議官として前年の横浜APECを実務レベルで取り仕切った，マルチ外交の

1 「3/11」前

経験豊富な外交官である。3月の東京会合で共同議長を務める前に，主要国のカウンターパートと顔合わせするため，平松地球審は，着任早々，米国，欧州，中国，南アフリカ，韓国といった国々を訪問し，スターン気候変動特使（米），解振華国家発展改革委員会副主任（中），ヘデゴー欧州委員（EU），マシャバネ外務大臣およびモレワ環境大臣（南アフリカ）等の主要国の交渉責任者と個別に協議を行った。3月の東京会合では，フィゲレス国連気候変動枠組条約事務局長やラーゴ外務省局長（伯），その他主要国（英独仏，豪州，NZ，韓，アフリカ（エチオピア），小島嶼国（グレナダ）等）の関係者とも協議を行い，4月以降の国連交渉に向けた十分な下準備を行うことができた。

この頃は，4月以降に交渉が本格化する前の比較的余裕がある時期であり，主要3省（外務省，環境省，経産省）で個別の主要論点についての頭づくりのための議論を行った。特に検討を行ったのは，

- 将来枠組みのイメージ，各国との協議方針
- 京都議定書「延長」問題の対処ぶり
- 市場メカニズムについて，CDMおよび2国間オフセット・クレジット制度の双方を俯瞰した概念整理と2国間オフセット・クレジット制度についての基本設計の検討
- MRVにおける日本の貢献検討（キャパシティビルディング）
- 途上国支援の具体案づくり（特にアフリカ対策）

などである。

3月の東京会合を節目にした個別論点の検討は，いわば「公式戦前のオープン戦合宿」のようなものである。こうした作業は，後々の交渉に向けた日本側代表団の基礎体力づくりに大いに役立った。

また，新たな試みとして，外務省所管のシンクタンクである日本国際問題研究所に依頼し，上述の東京会合にあわせて気候変動に関する国際シンポジウムを開催してもらった。各国政府・国際機関関

係者（平松地球審，フィゲレス事務局長，マシャード・ブラジル首席代表等）と内外の有識者（ハン・スンス韓国元国務総理，浜中裕徳IGES理事長，周大地中国能源研究員，ディリンジャー・ピューセンター副所長など）を交えて，気候変動の国際枠組みのあり方について幅広く議論してもらったのである。こうした試みは，気候変動問題について，グローバル・ガバナンスを巡る外交的観点からの議論を喚起し，COP17に向けた日本政府の交渉姿勢について内外に発信するうえで有益であった。シンポジウム冒頭では，伴野豊外務副大臣がCOP16の評価とCOP17に向けた日本の交渉方針について包括的なスピーチを行い，日本として積極的に交渉に臨むとの姿勢を内外に明らかにした。

COP17に向け，まずまずのスタートを切ることができた，はずであった。

❷ 「3/11」後

3月の東京会合の直後，交渉シナリオの大幅変更を余儀なくさせたのが，いうまでもなく，3月11日の東日本大震災と，東京電力福島第一原子力発電所の事故である。

3/11自体について多くを述べることは本稿の目的ではないが，気候変動交渉への影響としては，次の2点が大きかった。すなわち，

- 福島原発事故により日本のエネルギー政策，原子力政策の大幅な見直しが明白となる中，それと表裏一体の地球温暖化対策（「マイナス6％目標」や「前提条件付きマイナス25％目標」）の取り扱いが難しい課題となったこと，
- 政府全体の政策の優先度が震災対策，原発事故対策に振り向け

られ，地球温暖化対策への人的対応が難しくなったこと，である。

当座の影響としては後者の方が大きかった。温暖化対策の国内対策をになう環境省，経済産業省が同時に震災対策，原発対策の主要関係省であったこともあり，国際交渉に携わる両省の少なからぬ若手・中堅スタッフが国内の震災，原発対策に回されていった。

前者の問題はより根本的なものである。エネルギー，原発政策を見直さざるを得ないことは明白であり，地球温暖化対策も影響を免れないだろうと容易に予想された。原発の発電能力を火力で代替しようとすれば，福島第一原発だけで1990年比で数％規模のCO_2排出増になる。国内の原発全体ではそのインパクトは10数％にのぼる。それを省エネや再生可能エネルギー普及で埋め合わせられるのか。いずれにせよ，どういう絵姿になるかは時間を要し，はっきりするのは，早くてCOP17後の2012年になるであろうというのが，この時点での交渉に携わる3省関係者の共通認識であった。その間，「マイナス6％」目標や「前提条件付マイナス25％」目標の扱いについて，国際交渉場裏でどのようにしのぐか，種々議論の結果，

- 「マイナス6％」目標については引き続き達成に向け努力する，
- 「前提条件付マイナス25％」目標については，3/11の影響につき判断出来る状況になく，現時点では変わらない，

とのラインで当面対処することとした。

国際交渉では，3月下旬にメキシコで非公式会合，4月に国連作業部会（バンコク）があった。全般的雰囲気としては日本に対する同情と，震災後の日本国民の対応への称賛に満ちていたが，やはり，日本の温暖化対策が影響を免れないだろうとの見方が多かった。4月の国連作業部会では，「マイナス6％」目標の達成に関し，日本は不可抗力（force majeure）による義務免除を求める意向か否かとの質問が一部の国よりなされる局面もあった（これには当方より明

第 3 章 3／11 の衝撃とダーバン COP17 : "Down but not out"

確に否定した）。

(1) 日本の対応：攻めの姿勢の維持

3／11，福島原発事故の影響により，日本国内でのエネルギー・環境政策は大幅な見直しを迫られ，日本自身の温暖化対策を直ちに明確にすることは難しくなり，国際交渉上の発言力の低下も懸念された。しかしながら国内で大きく動けないからといって，頭を低くして沈黙を守る敗北主義的対応はとるべきでない。国際場裏でいかに攻めの姿勢を維持するか。これが，この時期の課題であった。具体的には以下のような手を打った。

(イ) アフリカにおけるグリーン成長戦略の策定プロセス開始（5月）

アフリカは干ばつや洪水等，気候変動による悪影響に脆弱な国々が多く，また国の数で最多の地域グループ（アフリカ大陸全体で54カ国）であり，国連交渉での影響力は大きい。日本も，気候変動交渉でアフリカを味方に付けること，アフリカとの関係を強化する事は経済的にも国際政治的にも有利になるとの判断から，アフリカ対策に力を入れてきた。

2013年には5年ぶりのアフリカ開発会議（TICADV）開催が見込まれ，日本のアフリカ支援策の検討もいずれ本格化する。その中では，気候変動対策をしっかり組み込んでいく必要がある。そのためのプロセスを2011年中に立ち上げることは，年末にアフリカで開かれるCOPを乗り切るうえでも，非常に有益であると考えた。

震災から2カ月足らずの5月の連休中にTICAD閣僚級フォローアップ会合がセネガルで開催されたが，このことは，震災後の困難な中でも日本がアフリカ重視の姿勢を維持しているとして高く評価された。この会合で，松本剛明外務大臣が，アフリカにおけるグリーン成長戦略を日本とアフリカ，国際機関が一緒になって作っていくことを提案して参加各国・機関の賛同を得た。会議のコミュニ

ケでは，TICADの枠組みの下，アフリカ・グリーン成長戦略の策定プロセスを開始し，2012年の閣僚級会合で中間報告，同年中に最終報告を作成することが盛り込まれた。

(ロ)　「緑の気候基金」移行委員会第2回会合の東京開催（7月）

COP16では，途上国支援のための新たな基金（緑の気候基金）を設置することが決定され，同基金の基本設計を検討するための先進国，途上国あわせた40カ国からなる移行委員会（Transitional Committee）を設置して，COP17までに提言を出すことになった。同委員会の共同議長は南アフリカのトレバー・マニュエル大統領府国家計画担当大臣（元財務大臣でIMF専務理事候補にもあがった人物），メキシコのコルデロ・アロヨ大蔵公債大臣，ノルウェーのヒューテル・ルンド財務副大臣の3名である（日本のメンバーは財務省の石井菜穂子副財務官）。第1回会合は4月にメキシコで開催された。

日本としては，震災後の厳しい状況ではあったが，途上国支援重視の立場から基金設立を積極的に支持するため，第2回会合の主催を申し出て，7月に東京で開催した。7月下旬の東京は既に真夏で節電の真最中。会場となった国連大学では，例年より空調設定温度の高い中，各国交渉責任者が汗を拭きながら協議に臨んだ。この会合には野田佳彦財務大臣や伴野外務副大臣も顔を見せ，3／11後の困難の中でも，日本が交渉を前進させようとしている姿勢を示す良い機会となった。

(ハ)　2国間オフセット・クレジット制度の検討，協議（5月～9月）

前章で触れたとおり，2国間オフセット・クレジット制度の検討は，2010年より経済産業省，環境省が一部の国，セクターを対象に民間企業の関与を得て実施した実証事業に始まる。背景には，経済界を中心とした既存の京都メカニズムへの不満（省エネなど日本企業の得意分野がCDMで採択されない，審査に時間がかかる等）と，

第3章 3/11の衝撃とダーバンCOP17 : "Down but not out"

2013年以降の温暖化対策目標への懸念（達成手段の選択肢を増やしたい）があった。制度の細部まで詰まった段階ではなかったが，分かりやすいメッセージは国内の幅広い支持を得ていた。その一方，国連システムを弱める（undermine）のではないか，炭素市場を分断するのではないかといった懸念が，一部の欧州諸国や環境NGO等から示されていた。この中で，2010年秋からCOP16にかけては，国連交渉と並行して一部の国々との協議を探求するという方針の下，ベトナム，メコン諸国，インドとの間で，首脳レベルの文書で本件協議を進める趣旨が盛り込まれていた。

こうした前年からの流れの中で，2011年に入ってからは，政府間協議に臨むにあたり，制度設計の政府部内での検討を本格化させた。特に意を用いたのは以下の2点である。

- 国連の京都メカニズムを補完する制度としての位置づけの明確化

2国間オフセット・クレジット制度の推進論の中には，現状の京都メカニズムに対する不満（分野・地域の偏在，審査手続きの煩雑さ）が強く，それ自体は理解出来なくもない面もあった。しかし，国連否定論が前面に出過ぎると各国の警戒感をあおり，途上国も議論に乗りにくい。日本は国連，地域，2国間など様々なレベルで実際的な温暖化対策を進めるのであり，国連の京都メカニズムは改善しつつ継続して活用する。その一方で，それだけでカバーしきれないニーズに応える補完的仕組みとしてこの制度を位置づけた。

- 2国間文書と国内制度の関係についての整理

これまでの実証事業の結果を踏まえつつ，個別プロジェクトでの低炭素技術活用による削減効果に対し，いかなる仕組みで（オフセットないしクレジットにより）排出削減目標にカウントできる形にし，当該事業実施のインセンティブを与えるか，制度設計の詳細を詰める必要があった。既存のCDMの仕組みを参考にしつ

つも，その問題点を克服する形で，制度を動かすために必要な要素は何か，どのレベルで規定するか（2国間文書によるのか，各国の国内制度で規定するのか）といった検討を重ねた。

以上の2点を踏まえ，2国間オフセット・クレジット制度の設計に必要な要素（制度目的，日本と相手国の政府代表からなる新たに設置する合同委員会の権能，その他主要事項など）をリストアップし，主要論点についての日本側の現時点での基本的考え方を整理した。そのうえで，5月以降，ベトナム，カンボジア，インドネシア，インドといった国々を訪れて，双方の関係省庁がそろう中で日本側の基本的考えを説明し，質疑応答を行った。また，南アフリカ，メキシコ，豪州，米国等にも情報を提供し，概略の説明を行った。途上国各国は，国連交渉との関係を見る必要があるとの慎重姿勢は見せるものの，総じて，将来のオプションとして強い関心を示していた。

㈡　東アジア低炭素成長パートナーシップ構想の提唱（7月〜）

2国間オフセット・クレジット制度が2国間で低炭素技術の普及を促進しようという「線」の発想であるとすれば，これは，その2国間の制度を地域レベルに拡げていこうという「面」の発想である。

東アジア地域は世界経済の成長センターであり，世界最大の温室効果ガスの排出地域でもある。世界の排出国上位5カ国（中，米，印，露，日）はいずれも東アジア首脳会議（EAS）参加国であり，この5カ国だけで世界の排出の半分以上，これに中規模排出国（韓国，インドネシア，豪州）を加えれば，8カ国で世界全体の約60％を占める。これは，EU27カ国（12％）の約5倍である。東アジアで低炭素成長実現のための地域協力を進めることは，地域にも世界にも有益であり，日本にとっても環境技術のビジネスチャンスになり得る，というのがこの構想の基本的発想である。

まずは閣僚レベルで松本外務大臣より各国に提案を行い，7月の

第 3 章　3／11 の衝撃とダーバン COP17："Down but not out"

EAS 外相会合の議長声明にこの日本提案が言及され，秋の首脳会合につなぐこととなった。

(2) 議長国南アフリカとの協議

国際会議のない夏の比較的静かな時期である 8 月半ばには，平松地球審，経済産業省，環境省の担当審議官とともに議長国南アフリカを訪問した。南アフリカの外務省および水・環境省の実務レベルとの間で，あり得べき COP17 の成果について日本側のアイデアを示しつつ，じっくりと議論を行うためである。

温暖化交渉のようなマルチの交渉を成功に導くためには，議長国の采配がきわめて重要である。もちろん議長国自身が会議の成功を最も望んでおり，そのため各国の立場，本音を正確に探ろうと様々な努力をするわけだが，各国も議長国に自国の立場を理解してもらうよう，精力的にインプットを行う。日本も，3 月の東京会合をはじめ，様々な国際会議の機会をとらえて南アフリカ代表団とは協議を積み重ねてきたが，本国を訪れ，他国代表団のいない静かな雰囲気の中，「差し」で議論を行うことは全く異なる重みをもつ。交渉関係者のみならず，南アフリカの経済界関係者や，現地の日本大使館，日本企業関係者との懇談を通じて，南アフリカの政治経済情勢をつかむことは，COP17 を主催する南アフリカ側の事情を理解するうえで非常に重要であった。

この際の南アフリカ側との協議で，あり得べきダーバンの成果として，日本側から示したポイントは，

- カンクン合意を着実に実施すること
- 全ての主要国が参加する公平，実効的な法的枠組みの構築のプロセスを開始すること
- 京都議定書「延長」に反対との日本の立場に変わりはないが，京都議定書のいくつかの要素については，改善したうえで引き

続き活用すべきこと
- 将来枠組みの構築が出来るまでの間も，切れ目なく各国の温暖化対策を進めるべきこと

等である。また，途上国支援の関係では，緑の気候基金の基本設計に向けた移行委員会での連携や，日本側が提唱するアフリカ・グリーン成長戦略，2国間オフセット・クレジット制度の南アフリカでの活用可能性についても議論を行った。

京都議定書についての日本のレッドラインを十分に認識させつつも，COP17を成功に導けるよう，最大限の支援を行っていく。そうしたメッセージを南アフリカに伝えながら，様々な具体的アイデア，材料を議長国に提供することがこの時期の協議の主眼であった。こうした下作業が本番のCOPでの成果にもつながることとなった。

なお，余談だが，この南アフリカ出張は1泊4日の強行軍であった。火曜日の夜に成田を発つと，香港経由でヨハネスブルクには現地時間の水曜日早朝に着く。地球儀を見ると，東京，香港，ヨハネスブルクはほぼ一直線である。夏の日本から冬の南アフリカへ行く旅であり，気温差は30度。肌寒い中，水曜朝から翌木曜日昼頃まで様々なアポイントメントをこなし，午後遅い時間に現地を出て，行きと逆のルートで戻ると日本時間の金曜夜には蒸し暑い成田に戻るのである。ちょうど行き帰りのインド洋上空が就寝時間ということになる。帰りの南アフリカ航空便で観た映画は，マンデラ大統領と南アフリカのラグビーチームを題材にした，「インビクタス（Invictus）」であった。

第3章　3/11の衝撃とダーバンCOP17："Down but not out"

❸ 夏以降本番直前まで（9月〜11月）

(1) 日本の立場の対外発信

夏が終わり2011年9月になると，COP本番まで残り3カ月弱。本番での落とし所を見据えた作業がこの時期の課題であった。9月以降，本番までの主要日程としては，
- 9月8－9日の南アフリカ主催非公式閣僚級会合
- 9月16－17日の主要経済国フォーラム（MEF）
- 10月1－7日の国連作業部会
- 10月20－21日のプレCOP
- 11月17－18日の主要経済国フォーラム（MEF）

があったが，特に，本番1カ月前のプレCOPを重要な機会ととらえ，細野豪志環境大臣が出席し，ダーバンで目指すべき成果についての日本の立場を表明する方向で準備を進めた。細野環境大臣の下で外務省，環境省，経済産業省の3省幹部が集まり事前勉強会を何度か行った。

発信すべき日本のメッセージとしては，3/11後の国際社会からの支援への謝意と，気候変動問題に取り組む姿勢に変わりはないとの日本の決意を述べること。そして，ダーバンで目指すべき成果として，カンクン合意の着実な実施や，将来枠組みの構築に向けた作業の着手，2013年以降も切れ目なく温暖化対策を各国が実施することを強調することであった。特に，将来枠組み構築に向けた道筋の明確化に重点を置いた，**図表3-2**のような6項目からなる「日本提案」を作成，公表した。

ちなみに，この提案には，京都議定書「延長」問題については一

3 夏以降本番直前まで（9月～11月）

図表 3-2

気候変動に関する包括的な枠組みに向けた道筋
（日本提案）

平成 23 年 10 月 21 日

・カンクン合意の2度目標を認識しつつ，世界全体で2050年半減を目指すべきことを共有。

・その達成のために，すべての主要国が参加する公平かつ実効性のある国際的枠組みを構築する，新しい一つの包括的な法的文書の速やかな採択が我が国の目指す最終目標。

・これを直ちに実現することは困難な状況であるが，ダーバンではこの将来枠組みに向けて前進しなければならない。将来の包括的枠組みに向かう道筋を明らかにし，必要な作業に着手する必要がある。

・具体的には，ダーバンで以下の合意をすることを各国に提案する。

1．（カンクン合意を基礎とすることに合意）

　緑の気候基金，適応枠組み，技術メカニズムといった仕組みの立ち上げと，透明性確保のための強固なMRVの仕組み作りをバランス良く進め，これを将来の枠組の基礎とすること。

2．（各国の排出削減努力の推進に合意）

　包括的な枠組みができるまでの間も，全ての主要国が目標・行動を掲げ，着実にそれを実施する。

3．（カンクン合意の国際的MRVに必要な事項を合意）

　COP17においてカンクン合意の隔年報告書の指針をはじめとする国際的MRVに必要な事項に合意。カンクン合意に基づく緩和目標・行動の実施状況について，先進各国及び途上各国が2013年に最初の隔年報告書を提出する。

4．（ルールベースの枠組みの維持に合意）

　京都議定書の一部の要素は改善を加えて今後も活用すべきことを念頭に，LCAの下で，2013年以降のルールベースの枠組みについて早急に結論を得る。

5．（レビュー等を踏まえ新たな枠組みに合意）

　隔年報告書及びこれを踏まえた国際的プロセス（IAR/ICA）の結果やIPCC第5次評価報告書による科学的知見，京都議定書第1約束期間の実施結果を踏まえて，カンクン合意に位置づけられた2013/2015年レビューにおいて，包括的な枠組みの必要性を明らかにしつつ，枠組みの構築のための国際的議論を行い，合意を得る。

6．（技術・市場・資金の総動員の必要性に合意）

　長期的な視野に立った技術革新，低炭素技術の移転・普及促進，新たな市場メカニズムの構築，途上国，とりわけ脆弱国に対し2013年以降も切れ目なく支援を行うこと，また，アフリカ，小島嶼国といった脆弱国への支援を最も重視すべきこと。

第3章　3／11の衝撃とダーバンCOP17：″Down but not out″

切触れていない。日本の立場はCOP16で既に周知されていたからである。我々の主たる関心は，いかに将来枠組みの構築に向けて交渉を動かすかにあった。

しかしながら，このプレCOPは臨時国会の開会日（10月20日）と重なってしまう。細野大臣はCOP本番に向けた前哨戦ということで最後まで出席に意欲を示したが，原発担当大臣も兼任する細野大臣が臨時国会冒頭を離れて国際会議に出席する事はきわめて困難であった。結局，プレCOP会合自体は横光環境副大臣が出席し，日本提案については，現地で横光副大臣が表明するとともに，細野大臣が東京での記者会見でも紹介するという対応をとることとなった。

(2) **小島嶼国，アフリカ，EUへの働きかけ**

気候変動交渉には，様々な交渉グループがあり，日本も各種の国際会議の機会をとらえて随時協議を行っている。夏以降は，特に小島嶼国，アフリカ，EUの3グループに重点をおいて働きかけを強めた。これらの国々は，京都議定書「延長」問題では日本と立場を異にするものの，全ての主要国が参加する新たな包括的枠組みを構築しようとする点では立場は共通しているからである。

各国の立ち位置の**図表3-3**でいえば，真ん中より上半分に位置する国々が連携して，下半分に位置する米国やBASICなど新興国を上に引き上げるという図式である。将来枠組みの構築で前進がみられるダーバン・シナリオ1が望ましいが，京都議定書「延長」だけが固まるダーバン・シナリオ2の可能性もかなりあると思われた。BASICの中では議長国の南アフリカとブラジルはこの問題で比較的柔軟だったので，カギは米，中，インドである。なお，シナリオ1，2のいずれでも，日本は京都「延長」反対のため真ん中より左に位置する点では変わらない。EUからすれば，シナリオ2は京都議定書「延長」を呑まされながら，将来枠組みは動かないという最

3 夏以降本番直前まで(9月〜11月)

**図表3-3 各国の気候変動交渉の立場と交渉シナリオ
(ダーバン・シナリオ)**

すべての主要国が参加する新しい包括的枠組みの構築

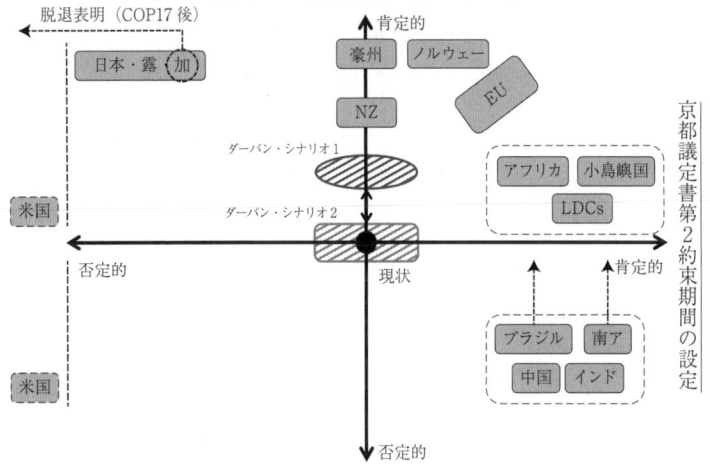

(図中の要素:
- 脱退表明(COP17後): 日本・露・加
- 肯定的軸上: 豪州, ノルウェー, NZ, EU
- ダーバン・シナリオ1, ダーバン・シナリオ2
- アフリカ, 小島嶼国, LDCs
- 米国(否定的側)
- ブラジル, 南ア, 中国, インド
- 現状
- 縦軸: 肯定的/否定的
- 右側: 京都議定書第2約束期間の設定)

出典:筆者作成

悪のシナリオである。EUが必死になることは容易に想像された。

(イ) 小島嶼国

カリブ,南太平洋,南アジア,アフリカなどに散在する小島嶼国はAOSIS (Alliance of Small Island States) という交渉グループを形成し,国連交渉での対外発信力は高い。しかし,東京に先方の大使館や現地に日本大使館が存在しない国々も多く,パイプづくりは容易でない。その中で1つの試みとして,3月の東京会合参加のため,AOSIS議長国グレナダの外務大臣が来日した際には,東京に大使館をもつAOSIS関係国の大使を招いた会食を行って日本とAOSISとの連携について意見交換を行った。また,COPの際にはAOSISの国々からはニューヨークの国連代表部関係者が参加することが多い。日本側関係者がニューヨークに出張する際には,これら国々の

第 3 章　3／11 の衝撃とダーバン COP17 : "Down but not out"

国連常駐代表部との対話を行った。さらに，いくつかの影響力のある個別の国々に対しては，本国ベースでのアプローチも試みた。8月に堀江正彦地球環境問題担当大使がマーシャル諸島およびサモアを，10 月に山田審議官がグレナダを訪問し，先方政府ハイレベルに日本の立場を説明し，COP17 に向けた連携を働きかけた。

(ロ)　アフリカ

　アフリカも存在感のある交渉グループである。特にこの年の議長国が南アフリカだったことから，COP17 は「アフリカン COP」と呼ばれ，アフリカは例年にも増して重要な位置付けであった。在京大使館，我が方大使館，国連代表部など様々なルートで随時働きかけを行った。特に，9 月にマリで開催されたアフリカ環境大臣会合に堀江大使が出席して，日本政府の基本的立場を表明するスピーチを行い，アフリカ各国の環境大臣と積極的な協議を行ったことは，本番に向けた重要な布石となった。このアフリカ環境大臣会合にアフリカ以外から参加したのは，当初予定では日本のみであり（直前になって EU 議長国のポーランドから実務レベルが参加），日本のアフリカ重視の姿勢を強く印象づけることができた。また，COP 本番 1 カ月前の 11 月初旬には JICA の研修プログラムを活用して 15 カ国のアフリカの気候変動担当実務者を日本に招き，「アフリカ気候変動対策・支援に関する政策対話」を開催した。日本のアフリカ支援策の説明と交渉全般について突っ込んだ議論を行うとともに，日本の環境技術関連施設の視察をアレンジし，より実際的な，日本とアフリカの間の環境協力の可能性を印象づけようとした。

(ハ)　E U

　京都議定書「延長」問題について，EU は前年の COP16 では条件付きで容認姿勢を打ち出したものの，日本，ロシア，カナダの立場を変えるには至らず，このため，EU とノルウェーなどごく一部

3 夏以降本番直前まで（9月〜11月）

の先進国のみが京都議定書「延長」を受け入れる流れが強まった。このため，EUは焦燥感を強め，彼らの発言や関連文書の表現振りからみるに，前年よりも「延長」容認の条件のハードルを上げているように思われた。

また，この時期，欧州排出量取引制度（EU-ETS）に2012年から国際航空分野を含めるとのEUの方針がクローズアップされ，EUと非EU諸国（米中印露日など）との間での摩擦案件になり始めていた。

こうした中，日本はEUに対し，京都議定書の問題や，国際航空の問題での立場の違いはあるものの，将来枠組みでは米中印を取り込むべく協力していこうとの，バランスのとれたメッセージを送っていた。すなわち，

- 京都議定書「延長」問題は日本にとってはCOP16で終わった話であり，EUがどうするかはEU自らが判断すべき，
- EU-ETSの国際航空への適用問題では，法的観点および交渉への影響の観点から，米中印等と同様，問題視しており，再考すべき，
- そのうえで，日本とEUが共に目指す，全ての主要国が入る将来枠組みの構築に向けて協力していきたい。

と働きかけ続けたのである。

(3) 国内プロセス

COP本番に臨むにあたり，交渉の主要論点についての日本代表団としての対処ぶりについては，前年同様，政府部内での調整を経て，最終的には11月29日火曜日の閣僚委員会で確認された。

前述の通り，プレCOPなどの機会を通じて将来枠組みや，京都議定書「延長」問題への対応，途上国支援などの主要論点については関係省間での意思疎通は十分とれていたので，改めて調整を要す

るものは特になかった。唯一，扱いに気をつけたのは，3/11 を受けて国内で進んでいたエネルギー環境戦略の策定プロセスとの関係である。この国内のプロセスは 2012 年までかかるため，COP17 での交渉結果が，この国内プロセスの結果を予断することのないよう確保する必要があった。

また，この閣僚委員会では，国際交渉を後押しするため，技術，市場，資金を総動員して実際的な温暖化対策に取り組む日本のイニシアティブとして，「世界低炭素成長ビジョン——日本の提言」（英語タイトルは "Japan's Vision and Actions toward Low Carbon Growth and Climate Resilient World"）が了承，公表された。2012 年までの途上国支援のコミットメントを着実に実施しつつ，2013 年以降の日本の方針，ビジョンを明らかにしたのである。

❹ COP17 本番

COP15，COP16 と異なり，COP17 本番では筆者は現地に行っていない。留守番組として，現地からの報告や内外の報道ぶりをフォローしながら，国内での業務を処理していた。

以下は交渉現場ではなく，東京サイドからの印象論である。

(1) 第1週（2011年11月28日～12月3日）

第1週前半から予想外に目立ったのがカナダである。カナダの地元テレビが，カナダ政府が年内にも京都議定書から脱退する方針であると報じ，現地入り前のケント環境大臣もこれを明示的に否定しなかった。このため，COP の現場でも大騒ぎとなり，環境 NGO が毎日出している恒例の「本日の化石賞」イベントでもカナダが連

4　COP17本番

COP17全体会合（国連HPより）

日授与されることになった（ちなみにCOP17での日本の「化石賞」については，第1週はゼロ，第2週木曜になってロシア，カナダと並んで1回贈呈されたのみである。京都議定書「延長」問題での立場は一切変わっていないにもかかわらず，である）。

　一方，EUはヘデゴー欧州委員が現地入りする前にブラッセルで会見を開き，日本，ロシア，カナダが入らなくてもEUは京都議定書「延長」に応ずる意向を示した。そして，返す刀で中国やインドなど新興途上国や米国を名指しして新たな法的枠組み立ち上げを強く主張した。これに対し，中国やインドが「EUはゴールポストを動かそうとしている」，「先進国と途上国の負担をシフトしようとしている」といった反発姿勢を示していた。

　最も論争をよぶ法的枠組みの問題を巡り，関係閣僚が現地入りする前から本国ベースで情報発信を行うのは異例である。そこでは，カナダが悪役を務め，欧州と中印がメディアを通じて応酬を繰り広げている。それが現地の交渉関係者やメディア，NGOにも伝わっ

ていった。京都議定書を巡る初日の日本側代表団の発言が予想外の注目を集め，想定より早いタイミングで対応に追われたCOP16とは大きな違いであり，日本にとっては，比較的静かな第1週であった。

こうした中，堀江地球環境大使以下の日本側代表団第1陣は，東京での閣僚委員会で了承された「世界低炭素成長ビジョン」の内容をアピールしつつ，京都議定書「延長」問題での立場は従来と変わらないものの，将来枠組み構築には積極姿勢を示す立場で交渉に臨んだ。将来枠組みを議論するための新たな作業部会の設置を日本が初めて提唱したのも，この頃である。

(2) **第2週（2011年12月5日～11日）**

第1週週末から各国閣僚級が徐々に現地入りしてきた。日本からも細野豪志環境大臣，中野譲外務大臣政務官，北神圭朗経産大臣政務官，仲野博子農水大臣政務官が相次いで現地入りした。平松外務省地球審は一足先に第1週後半から現地入りしていた。

交渉に動きが出てきたのは，第1週の週末からの中国のメディア向け発言からである。解振華首席代表と蘇偉次席代表が相次いでメディアに対し，「2020年以降中国が法的義務を負う用意がある」かのようなメッセージを出したからである。この中国発言に対しEUは飛びつき，インドは困惑し，日米は懐疑的であり，メディアは踊った。

いずれにせよ，第1週に引き続き，日本の細野環境大臣はじめ各国の閣僚級が現地入りしてからも，最大の焦点は法的枠組みを巡る問題（将来枠組みの検討プロセス立ち上げと，それとの関連での京都議定書「延長」問題の処理）に終始し，最後まで変わらなかった。

こういう状況下での日本のとるべき対応は，きわめて明確である。すなわち，守るべきは守る（京都議定書「延長」反対の確保）姿勢を

堅持しつつ，可能な限り攻める（将来枠組み設定への道筋をつける）ということである。前者は COP16 以来の経緯もあり，日本の立場は交渉現場では既成事実となっており，既に大きな問題ではなかった。後者では，日本は他の主要プレーヤー（EU, 米, 中, 印）より立場の自由度が大きい。日本が各国の立場を踏まえつつ，将来枠組みについての落としどころ（landing zone）を探って議長国南アフリカにインプットできる立場に立ったのも自然な流れであった。

　現地の交渉では，「ノン・ペーパー」とよばれる，各国代表団の率直な立場やアイデアを盛り込んだ非公式な文書が頻繁に飛び交う。日本代表団も交渉打開のため，様々なアイデアを盛り込んだノン・ペーパーを作成し，議長国南アフリカや主要各国に積極的インプットを行った。この中のいくつかの文言は，南アフリカが議長提案として提示した文書にも取り入れられた。

　将来枠組みを巡る協議は，南アフリカのマシャバネ外務大臣が主催するインダバ（INDABA）と呼ばれる会合で昼夜を問わず断続的に開催された。インダバとは，現地のズールー語で重要なことを決める会議のことを指すとのことである。日本語でいえば，皆が車座になって膝詰めで話し合う会議というイメージであろうか。現地の 9 日金曜日午前には，現地の細野環境大臣から野田総理大臣に交渉経過についての電話報告がなされた。前日から本格化したインダバ会議の徹夜明けのタイミングである。議長国が乗り出してきたことは交渉プロセスの最終段階を意味する。前年の COP16, 前々年の COP15 の経験からしても，現地の 10 日土曜日の未明には収束するだろう，と思われた。

　はたして，最終日の 9 日金曜日が過ぎ，10 日土曜日昼になっても交渉は収束しなかった。あのコペンハーゲン COP15 でも土曜日の昼前には全てのプロセスが終わっていたのに比べても甚だしい遅れである。予想外の展開に，現地を離れざるを得ない各国交渉関係

第3章 3／11の衝撃とダーバン COP17："Down but not out"

者が続出した。日本の細野環境大臣も本国での公務の為，平松地球審以下に権限を委任して現地を離れた。結局，交渉は 11 日日曜日の早朝まで続いた。約 30 時間の延長は，COP 史上最長である。筆者は，東京での留守番対応のため，土曜日午前にオフィスに出勤したが，結局，丸一晩役所で過ごす羽目になった。

交渉の最終段階の現地時間 11 日日曜日未明には，COP 全体会合において，議長国の南アフリカが提示した最終ドラフトを巡り EU のヘデゴー委員とインドのナタラジャン環境大臣が丁々発止のやりとりを行い，その後各国参加者が会議場内で輪になってドラフティング作業を行った。この模様はウェブキャストを通じて東京からも観ることが出来た。日本ではすっかり夜が明けており，職場で一夜を明かした筆者はパソコン画面からこの模様を眺めていた。

EU とインドを中心に議場内で各国交渉担当者が集まった最後のシーンは内外のメディアにも幅広く報道された。中には，このシーンをとらえて「京都議定書『延長』に反対した日本は交渉力を失い，存在感を示せなかった」と喧伝したメディアもあったが，筆者は全く異なる感慨を抱いていた。マルチの交渉の最終段階で，議長テキストにあれこれ注文をつける国は，交渉自体を壊そうとしているか，自らの立場を十分織り込めずに追い込まれているかのいずれかである。EU やインドは交渉の壊し屋ではないが，それまでの交渉過程で自らの立場を議長テキストに十分反映できなかったため，平場で文句をつけざるを得ない状況に追い込まれていた。開かれた場で強い発言をするのはメディアを通じた自国向けのパフォーマンスの面もあろう。今回，日本がそうした立場に追い込まれずによかった，と。

❺ COP17 の結果（ダーバン合意）

(1) 成果の概要

COP17 の主要な成果文書（ダーバン合意）は以下の4つである（図表3-4）。

① 将来枠組みの構築（全ての国に適用される法的文書の作成）に関する COP 決定
② 京都議定書の「延長」（第2約束期間設定）に向けた CMP 決定
③ 緑の気候基金の基本設計に関する COP 決定
④ 基金以外のカンクン合意の実施（緩和，MRV，技術メカニズムの設置等）に関する COP 決定

このうち，①と②が将来枠組みと京都議定書が相互に関連した形で議論された，法的枠組みに関する成果文書であり，メディアの関心も最も高かったものである。

一方，③と④はいずれもカンクン合意の実施に関わるものである。前者は，移行委員会で作成された緑の気候基金の基本設計の文書を支持しつつ，若干の手続事項（暫定事務局の設置など）についても決定したものである。後者はカンクン合意に基づき条約作業部会（AWG-LCA）で作成された文書がベースとなっており，先進国と途上国の MRV ガイドライン，技術メカニズムの設置，適応委員会の設置等が盛り込まれており，4つの成果文書のうち最も大部なものである。

(2) 各国にとっての意味

COP 前に主要各国がイメージしていたあるべきダーバンの成果をこの4つの成果文書に当てはめれば，以下のとおりであっただろう。

第3章 3/11の衝撃とダーバンCOP17："Down but not out"

図表 3-4　ダーバン合意の概要

---

① 全ての国に適用される法的文書の作成に向けた道筋

> 法的文書を作成するための新しいプロセスである「ダーバン・プラットフォーム特別作業部会」を立ち上げ。議定書，法的文書または法的効力を有する合意成果をCOP21で採択し，2020年から発効させ実施に移すために，この作業部会において，可能な限り早く，遅くとも2015年中に作業を終えることを決定。

② 京都議定書第2約束期間に向けた合意

> 第2約束期間の設定に向けた合意を採択。我が国は第2約束期間に参加しないことを表明し，この立場を反映した成果文書を採択。

③ 緑の気候基金

> 緑の気候基金の基本設計に合意。

④ カンクン合意の実施のための一連の決定

> 削減目標・行動推進のための仕組み，MRV（測定・報告・検証）の仕組みのガイドライン，適応委員会の活動内容，キャパシティ・ビルディングのフォーラムの立ち上げ等をはじめとし，資金，技術，市場メカニズム等の個別論点について合意。

出典：外務省資料

米：③④のみで十分，③④のバランスが重要。①は慎重，②は無関係。

途上国全般：③④は当然だが，それのみでは不十分。②が絶対必要。

脆弱国：③④，②に加え，①も目指すべき。

中印：③④，②は必要だが，①には慎重。

EU：③④は重要。②にはオープンだが，そのためには①が不可欠。

日露加：③④が重要。①も目指すべき。②で義務を負うことは不可。

4つの成果文書が，立場の異なる各国の微妙なバランスの上に成

り立っていることが分かる。

(3) 日本にとっての意味

日本にとって，このCOP17の成果はどういう意味をもったのであろうか。日本が目指すべきダーバンの成果として，それまで様々な機会に主張してきた点（カンクン合意の着実な実施，将来枠組みの設定に向けた道筋，各国の切れ目ない排出削減の実施）をこの4つの成果文書に当てはめれば，結果的にほぼ満額回答を得ることができたことが分かる。すなわち，

- カンクン合意の着実な実施は，③および④に，
- 将来枠組みの設定に向けた道筋は，①に，
- 各国の切れ目ない排出削減の実施は，①および④に，

それぞれ盛り込まれている。

また，京都議定書「延長」には入らないという，前年来の一貫した日本の立場も，②において適切な形で反映されている。全体として，攻めるべきところは攻め，守るべきところはしっかり守ることができたと評価出来る。

COP17終了直後にも，野田総理大臣より，以下のコメントが出された。

「COP17で採択された一連の決定を歓迎する。今次会合では，我が国の主張が反映される形で，すべての国が参加する新たな法的枠組みの構築に向け，そこに至る道筋が明確に示される等，大きな成果を得ることができた。

交渉において，我が国は，東日本大震災の国難にもかかわらず，気候変動問題に取り組む姿勢が変わらないことを明らかにしつつ，新たな枠組み構築のための作業部会の設置を提案する等，議論に積極的に貢献するとともに，我が国独自のイニシアティブとして，『世界低炭素成長ビジョン』などの具体的な提案を行った。

第3章 3/11の衝撃とダーバン COP17 : "Down but not out"

ダーバン合意の成立で参加者の拍手を受ける議長のマシャバネ・南アフリカ外相（中央）（Courtesy of IISD／Earth Negotiations Bulletin）

引き続き，地球温暖化問題の解決のため，最大限の努力を行っていきたい。」

❻ 所　感

COP16が終わった後，筆者は，日本は京都「延長」反対の立場を貫き，気候変動交渉における「203高地」は確保した，COP17が「日本海海戦」となるかどうか分からないが，COP16で築いた橋頭堡を維持しつつ様々な手を打っていくべき，と感じていた。

事実，前述した様に様々な手を打ってきた。3/11により国内対策が足踏みせざるを得ない中，国際交渉で攻めの姿勢を維持する為にもそれは必要であった。「連合艦隊」がエンジントラブルに見舞われても，「武器なき戦争」は我々の態勢立て直しを待ってくれないのである。

6 所　感

　しかしながら，COP17が始まってみると，「バルチック艦隊」は結局来なかった。京都議定書「延長」問題を巡り日本が矢面に立つ事はなかった。むしろ，将来枠組みの構築を巡り，新興国を巻き込んだ各国間の丁々発止のやりとりが国際的な注目を浴びる事になった。コペンハーゲンのCOP15のときのように，国際交渉の焦点が京都議定書から将来枠組みの方に再びシフトしたのである。

　もとより，こうした展開は日本が目指していたものである。日本が一貫して主張してきた，全ての主要国が参加する公平かつ実効的な国際枠組みの構築に向けた足がかり（ダーバン・プラットフォーム）が出来た。そして，京都議定書「延長」問題では日本が参加しないとの立場を最小限の外交的コストで確保した。途上国支援やMRV（測定，報告，検証）などカンクン合意の着実な実施でも前進できた。3／11，福島原発事故の後，エネルギー政策と表裏一体の地球温暖化対策が足踏みせざるを得ず，日本として積極攻勢をとり得る状況ではなかった中で，望みうる中で最大限の成果が得られたと言える。

　こうした展開に「拍子抜け」の感が全くなかったわけではない。COP16までの積み重ね，そして2011年を通じて打ってきた様々な手が功を奏したことは言うまでもないが，日本以外の要因によるところも大きく，幸運に助けられた面もある。

　いずれにせよ，成功体験に浸る余裕はない。次の布石を切れ目なく打っていく必要がある。従来の発想にとらわれてはならない。「勝って兜の緒を締めよ」なのである。

　今後の国際交渉はどのような展開になるであろうか。検討が必要と思われる主要論点について，第6章以降でとりあげることとしたい。

第 3 章　3／11 の衝撃とダーバン COP17："Down but not out"

補論：ドーハ COP18 についての若干の考察と所感

　2012 年 12 月 9 日，カタール・ドーハでの COP18 が終わった。
　前年の南アフリカ・ダーバンでの COP17 と同様，30 時間余の交渉延長の末に，一連の合意文書「ドーハ気候ゲートウェイ（Doha Climate Gateway）」がとりまとめられた。COP17 で立ち上げられたのが「ダーバン・プラットフォーム（Durban Platform）」だったので，1 年かけて「プラットフォーム」が「ゲートウェイ」になったわけである。言葉の響きからすると足踏み感，遅々として進まない交渉といった感がなくはない。ただ，主要各国が政治的移行期にあり，交渉全体のモメンタムが決して高くない中，現実的に望み得る限りの成果が得られたのではないかとも思う。日本についていえば，衆議院解散・総選挙という国内政治上の動きと COP 本番が重なったこともあり，国際交渉に臨む観点からは，この上ない難しい状況だったと思われるが，日本がこれまで目指してきたほとんど全ての目標を達成することができたといえる。
　筆者自身は既に気候変動交渉から離れており，ドーハ COP18 の現場には行っておらず，現場でのやりとりの詳細は承知していない。以下のいくつかのコメントは，気候変動交渉に携わっていた 2012 年夏までの経験と，COP18 の成果文書，関連報道，日本代表団関係者とのやりとりなどを踏まえた印象である。

(1) 総　　論
　一言で言えば想定の範囲内，かつ日本が望む方向の範囲内に収まったといえる。すなわち，
　1）将来枠組みの工程表を出来るだけ具体化する，

2）京都議定書「延長」問題を日本の立場を確保する形で処理する,
3）途上国支援を切れ目なく行うとのメッセージを出す,
4）日本が提案する2国間オフセット・クレジット制度への国際的理解・支持を拡げる,

といった日本がこれまで目指してきた目標はいずれも概ね達成されたといえる。交渉事である以上100点満点ということはあり得ず,これらの目標についても,もっと出来たことが無いわけではない。しかし,2013年以降の日本の足場を確保し,次につながる形を作れたのではないかと思う。

ここ数年間の気候変動交渉をゴルフにたとえれば,途中何度かラフにつかまって崩れそうになりながらも概ねフェアウェーをキープし,手堅くパーでまとめるプレーだったといえようか。重要なのはドライバーショットの飛距離ではなく,風やコースをよんで臨機応変に対処しながらラウンド全体を見通してスコアをまとめられるかであろう。

(2) 将来枠組みの工程表

将来枠組み検討のためCOP17で設置が決定されたダーバン・プラットフォーム特別作業部会（ADP：Ad-hoc Working Group on the Durban Platform for Enhanced Action）の2013年以降の工程表が決定された。すなわち,

1）2013年はADPを2回開催し,4月と9月の追加会合の可能性を検討すること,
2）2014年,2015年についても少なくとも2回の会合を開催すること,
3）2015年5月までに交渉テキストを準備するため2014年末のCOP20に向けてテキストの要素につき検討を進めること,な

第3章　3/11の衝撃とダーバンCOP17："Down but not out"

どが決定された。

将来枠組みの内容というよりは，会議の段取りが決定の中心になった感がある。主要国が政治的移行期間にある中，2015年までに決めるべき内容を今詰めようとしても困難なことは元々予想されていた。将来枠組みと今回「延長」された京都議定書とのギャップは2020年まで続くことになる。これまで，京都議定書「延長」をテコに将来枠組みの内容を固めようとしたEU等の戦術は功を奏したとは言い難い。テコがなくなった中で2015年までの交渉のモメンタムをいかに生み出すかが今後の課題である。

カギとなるのは，オバマ政権2期目を迎える米国と，2015年のCOP21議長国を務める欧州の動向であろう。

オバマ大統領は，2期目に入った最初の一般教書演説において気候変動問題への取り組む意欲を再び示した。新たに国務長官に指名されたケリー氏はCOP15に参加したり，上院で国内排出量取引法案を推進するなど，気候変動問題に長年熱心に取り組んできた。また，2014年の中間選挙は米国の交渉スタンスの柔軟性を左右するであろう。オバマ政権が気候変動交渉でいかなるレガシーを残せるか，要注目であろう。

またコペンハーゲンCOP15から6年振りに議長国が回ってくる欧州としては，その立場を最大限活かして，将来枠組みの合意にこぎつけようとすると思われる。これまでのところ，フランスがCOP21議長国に名乗りを上げている。また2015年のG8サミット議長国はドイツである。2015年は独仏連携により，欧州が気候変動交渉で攻勢に出てくるかも知れない。

(3) 京都議定書「延長」問題

COP18（厳密にはCMP8）では，京都議定書第2約束期間を設定する議定書改正案がついに採択された。2005年の議定書発効以来7

補論：ドーハ COP18 についての若干の考察と所感

年越しの懸案の処理である。日本，ロシア，カナダの不参加については COP17 までの交渉で既に明らかになっており，予想通り焦点にはならなかった。これまで態度を明確にしてこなかった豪州とニュージーランドの対応は分かれた。豪州は 1990 年比マイナス 0.5％という，野心が高いとは言い難い数値目標で第 2 約束期間への参加を決めた。一方，ニュージーランドは不参加に回った。このため，ニュージーランドは環境 NGO より，カナダと並んで COP18 の「大化石賞（colossal fossil）」を授与されている。

第 2 約束期間の長さは 2020 年までの 8 年となり，2014 年までに各国の野心引き上げを検討する機会を設けることとなった。8 年を主張していた EU と，低い野心を長期固定化しないように 5 年を主張していた小島嶼国（AOSIS）等との妥協の結果である。

日本との関連では，第 2 約束期間参加と CDM へのアクセスとのリンケージが主要論点となった。結局，第 2 約束期間に参加しない国も CDM プロジェクトに参加してクレジットを原始取得すること（クレジット発行後に自国の登録簿に転送すること）が可能なことが確認された。ただし，第 2 約束期間に参加しない国は CDM のクレジットを移転したり，獲得すること（原始取得ではなく，排出量取引により取得すること）は認められなくなった。もともと CDM クレジットの取得には「国富流出」との批判も根強かったため，参加プロジェクト以外のクレジット取得が制限されることは，日本にとって必ずしも困る話ではない。むしろ，日本を買い手と見込んでいた各国 CDM 関係者にとっては痛手であろう。EU もこれまで CDM の対象国・分野を絞る方向で動いてきた。善し悪しは別にして，今回の決定は制度としての CDM の縮小傾向をさらに後押しすることになろう。結果的に日本が提案してきた 2 国間オフセット・クレジット制度のような，より分権的なガバナンスの市場メカニズム構築を促す可能性もある。

第3章　3／11の衝撃とダーバンCOP17："Down but not out"

以上のとおり，将来枠組みに関するADPのプロセスが軌道にのり，京都議定書「延長」問題も決着したことから，これまで2トラックで国連交渉を担ってきた2つの作業部会（AWG-LCAおよびAWG-KP）は終了されることになった。ともすると肥大化しがちな国連組織では，こうした交渉プロセスの合理化も1つの成果といえよう。

(4)　途上国支援

COP15のコペンハーゲン合意で規定された短期支援（2010年～12年で先進国から300億ドルのコミットメント）が本年で終了することから，来年以降，2020年（長期資金1000億ドル（官民）の目標年）に至るまでの支援をどの程度具体化するか否かが焦点となった。

途上国の関心が高いテーマであり，筆者が交渉に参加していた2012年夏の実務者会合でも相当の時間が割かれ，本番のCOPでも同様だったようである。結局，様々な要素（長期資金に関する作業計画延長やハイレベル対話開催，緑の気候基金のホスト国承認など）が成果文書に盛り込まれたものの，新規の資金コミットメントの明記は回避された。先進国の経済・財政状況や交渉全般の進捗からして新規コミットメントが出来る地合いでもなく，これも想定内の結論である。日本としては，2012年までの短期支援の実績を示しつつ，リオ＋20で表明した緑の未来イニシアティブなど，2013年以降の切れ目ない支援についても具体的な形で示した。途上国支援は交渉全体の中の一部分ではあるが，やるべきことをやっている姿勢を示すことは，途上国との実利的関係もさることながら，日本の主張の一貫性，信頼性という点から日本の交渉スタンスを下支えしていたと思う。

なお，緑の気候基金のホスト国について，欧州など複数の候補国の中から韓国に決まったことは，途上国支援における新たな傾向と

して注目すべき点である。韓国は気候変動交渉では依然途上国の区分だが，OECD・DACのメンバー国として新興ドナーの顔もあわせもつ。グローバルな資金関連の国際機関が欧米ではなく，需要が最も多く見込まれるアジアに置かれることになったという意義もある。日本の官民も新たな流れにいかに関わっていくか，大いに研究していくべきであろう。

(5) 2国間オフセット・クレジット制度

COP18の機会に行われた，モンゴルおよびバングラデシュとの閣僚レベルの2国間会談において，これまで実務レベルで協議を行ってきた2国間オフセット・クレジット制度を2013年のできる限り早い時期に開始することで一致した。また国連交渉の文脈では，クレジットの国際移動に関するダブルカウント防止方法や報告様式をさらに検討していくことになった。

これまでの「2国間制度は是か非か」といった入り口の議論から，技術的検討の段階に一歩進んだものとして評価できる。2013年以降，出来るだけ多くの国々と具体的協力を進めつつ，国連でのルールメイキングにもインプットしていくことが重要である。

COP18の結果を受けた，気候変動交渉を巡る各国の立場を表すと**図表3-5**のようになろう。すなわち，

- 京都議定書第2約束期間を巡り，先進国の立場は米・カナダ（京都議定書の枠外），日本・ロシア・ニュージーランド（京都議定書にとどまるが第2約束期間には不参加），EU・豪州・ノルウェー等（京都議定書第2約束期間に参加）と分かれた。一方，京都議定書第2約束期間設定が今回正式に決まったことにより，この問題を巡り各国の立場の違いを示す横の座標軸は意味を失った。
- 2013年以降は，全ての国々に適用される将来枠組みの構築と

第3章 3/11の衝撃とダーバンCOP17："Down but not out"

図表3-5　各国の気候変動交渉の立場（COP18後）
すべての国々に適用される将来枠組みの構築

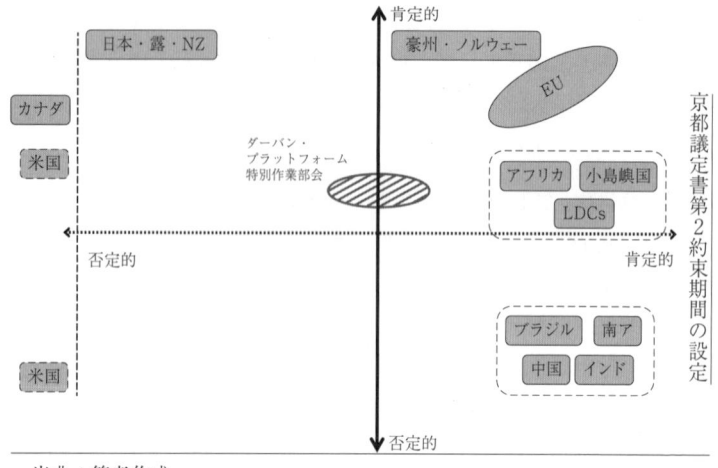

いう，縦の座標軸における交渉が中心となる。カギとなるのは米国および中印をはじめとする新興途上国であり，これらの国々を上に引き上げていけるかが，将来枠組みの構築の成否を左右することになる。

ここで注意すべきは，京都議定書「延長」問題に替わる新たな座標軸が出来て，将来枠組みの交渉において再度「先進国 vs 途上国」といった二項対立の図式を作らないようにすることである。この関連で，COP18における将来枠組みの工程表に関する成果文書において，今後の検討で考慮すべき要素の1つとして「条約の諸原則の適用」（"application of the principles of the Convention"）が挙げられている点に特に注意すべきである。

ここでいう「条約の諸原則」とは，第1章でも触れた「共通に有して

98

いるが差異のある責任("common but differentiated responsibilities")」や「衡平性("equity")」といった気候変動枠組条約に明記されている原則を指すと解される。この「条約の諸原則」の扱いについて、新興国の台頭をはじめとする過去20年の国際社会の変化にあわせて、また将来を見据えた形で適用するのか、それとも、1990年代初頭の国際社会のまま先進国と途上国を二分する構造を維持する形で適用するのか（後者であれば京都議定書の二の舞になるおそれがある）、今後の将来枠組みの交渉における注目点といえよう。

コラム③　各国気候変動交渉官の横顔

気候変動交渉には、各国代表団から多彩なプレーヤーが集まる。第4章で各国代表団のキーパーソン一覧を挙げているが、ここでは、筆者が特に個人的に印象を受けた3人の交渉官を紹介したい。

- アルフォンソ・デ・アルバ特使（メキシコ）

第2章でも触れた、COP16の議長国メキシコの首席交渉官である。カンクン合意の第1の立役者と言ってよい。

見た目は雑誌「レオン」に出てきそうな、テキーラの似合うラテン系の人である。だからというわけではないが、この人はとにかくマメであった。前年のCOP15で議長国デンマークが秘密主義との批判を受けた反省から、"inclusiveness"と"transparency"をキーワードに、あらゆる国々、交渉グループとの丁寧な対話を持ち続け、COP16本番の最終段階まで潤滑油としての役割に徹していた。

アルフォンソ・デ・アルバ特使
（メキシコ）
(Courtesy of IISD／
Earth Negotiations Bulletin)

第 3 章　3／11 の衝撃とダーバン COP17："Down but not out"

　筆者自身，2010 年の 1 月に東京で会って以来，COP16 本番に至るまでメキシコシティ，ワシントン，ローマ，ボン，ニューヨークなど，あらゆる気候変動の国際会議でこの人と顔を合わせて話をしない事はなかった。おそらく全ての主要国，交渉グループとの間で同じような対話を持っていたのであろう。

　COP16 の最終段階，残り 2 日半になってようやくメキシコが議長国として動きだし，最終日夕方に議長国提案が出された時にボリビア以外の全ての国々がスタンディング・オベーションでこれを受け入れたのも，それまでのこの人の粘り強い対話の賜物と思われる。

　経歴としては環境・気候変動が専門ではない。国連外交の経験が長い外交官である。それだけに，気候変動交渉では，交渉の中身以上にプロセスが重要だと考えていたのであろう。現在は，メキシコの国連常駐代表である。

・アンドレ・カルヴァルホ外務省環境政策・開発課長（ブラジル）

　ファーストネームが同じアンドレである上司の局長と区別するため，日本代表団の間では「小アンドレ」と呼ばれていた。普段は笑顔を絶やさない，穏やかな人だが，交渉モードに入るとガラッと変わる。

　日本的に言えば「役人の鑑」のような人である。文書の文言交渉では，一言一句に至るまできめ細かく精査し，理路整然と流暢な英語で主張してくる。多くの交渉官がやるような，決まり文句を情緒たっぷりに発言するものであれば聞き流しても支障はないが，こうした理屈で来る人物は相手に回すと大変手強い。

　筆者が彼の文言交渉での発言を目の当たりにしたのは，国連会議そのものではなく，2010 年 8 月のボン国連作業部

アンドレ・カルヴァルホ外務省環境政策・開発課長（ブラジル）
(Courtesy of IISD／Earth Negotiations Bulletin)

会の機会をとらえて日本とパプアニューギニアが共催した，森林保全関連の会合である。議論していた文書は，自発的な国際協力の今後2〜3年の作業計画であり，国連交渉そのものではなく，いわんや法的文書ではない。文言交渉と言っても，ほどほどの調整で良いと思っていたのが，いろいろな事情で紛糾し，連日深夜まで協議する羽目になった。多くの参加者からの発言が情緒的であった中，理路整然さにおいて際立っていたのが，この「小アンドレ」である。

その後，他の国連会議に出席した同僚からも，彼の理詰めの議論は秀逸だったと聞く。非常に優秀なブラジル外交官である。

・フェデリカ・ビエッタ交渉官（パプアニューギニア（イタリア））

気候変動交渉の申し子と言えるかもしれない。パプアニューギニア（PNG）政府代表団に属しているが，見た目は生粋のイタリア女性である。2010年5月に森林保全の国際協力の枠組みとしてREDD+パートナーシップが立ち上がったとき，日本とPNGが共同議長となった。PNG側の中心人物が彼女である。

他分野でもそうだが，森林保全でも途上国は一枚岩ではない。インドネシアやブラジルなど，ガバナンスが比較的しっかりしていて国際支援が集まりやすい国々と，ガバナンスが不十分で支援を得にくい国々で立場が異なる。PNGは後者に属する。REDD+パートナーシップでは，彼女がPNG代表として共同議長を務めていたが，議事進行がかなり強引だったため，欧米先進国のみならずブラジル等の新興国とも摩擦を起こすことになった。批判の矛先は，同じ共同議長の日本にも向きかねなかったため，筆者も彼女とじっくり話す必要に迫られたのである。

彼女の経歴は興味深い。本人によれば，北イタリア出身

フェデリカ・ビエッタ交渉官
（パプアニューギニア（イタリア））
(Courtesy of IISD／
Earth Negotiations Bulletin)

第3章 3／11の衝撃とダーバンCOP17："Down but not out"

で，大学卒業後に米国コロンビア大学院に留学，ニューヨークで投資銀行に数年間務めた後，熱帯雨林保全の活動を行うNGO（Coalition for Rainforest Nations）に参加し，そこからPNGとの繋がりが出来たらしい。したがって，彼女は時折PNGに足を運ぶものの，普段はニューヨークを拠点にNGOの活動を続け，国連会議の際にはPNG政府代表団メンバーとして交渉に参加している。

典型的な「お雇い外国人交渉官」と言ってしまえばそれまでだが，ニューヨークで普通にビジネスの世界にいてもよかったのに，あえて熱帯雨林保全の活動に身を投じたことに興味をそそられた。また，彼女達が仕切った，2010年9月のニューヨークでのソマレPNG首相主催の熱帯雨林保全イベントも，レオナルド・ディカプリオ氏はじめ各国・各分野の錚々たる人物が参加する大変印象的なものであった。多様な国籍の人々が開発，環境，金融など分野を超えてネットワーキングを行うニューヨークならではといえるが，彼女はその中での典型的プレーヤーである。いずれにせよ，印象に残る交渉官の1人であることは間違いない。

以上紹介した3名はいずれも，米欧や東アジアと比べると，日本の報道では大きく取り上げられることの少ない地域の出身である。

しかし，当然のことながら，日本で報じられない地域が世界で存在感が低いわけでは全くない。国の大小にかかわらず，きわめて優秀な人々が世界を舞台に活動している。これは環境・気候変動に限らず，他の分野でも同様であろう。

グローバル化が進む世界において，日本は米国や欧州，中国，インドはもとより，世界中の国々と伍していかなくてはならない。政府のみならず企業，メディア，NGOも同様である。そこでは国力のみならず人材力も問われる。外交当局はもちろんだが，オールジャパンの課題であろう。

第4章

気候変動交渉の舞台裏

第4章　気候変動交渉の舞台裏

はじめに

これまで、時系列的に気候変動交渉の流れと日本の対応について触れてきた。本章では、気候変動交渉の現場を様々な切り口から紹介してみたい。

国連の気候変動交渉は外からはなかなか見えにくい。

まず、COP（コップ）という言葉の響き自体が、馴染みにくい。

COPとは"Conference of the Parties"（締約国会議）の略であり、気候変動や生物多様性など環境関連条約の全締約国代表が参加する、意思決定のための会議を指す。気候変動枠組条約のCOPは1995年の第1回より毎年開催されている。開催地は世界各地域の持ち回りである。日本で最も良く知られているのは、京都議定書が採択された1997年のCOP3であろう（ちなみに、名古屋議定書が採択された2010年のCOP10は、生物多様性条約の締約国会議である）。

例年11月末になると、このCOPに尋常でない数の人々が集まり、約2週間にわたり各種会議・イベントが繰り広げられる。最終段階では閣僚クラス（コペンハーゲンCOP15では首脳までも）を巻き込んで、成果文書の表現を巡って徹夜の交渉。疲労困憊して会議場内の机に突っ伏している各国代表の姿や、最後に成果文書が採択されて皆が抱き合って喜んでいる光景を報道で観た方も多いだろう。

この光景はしかし、気候変動交渉のほんの一断面に過ぎない。ここに至るには1年にわたる長い交渉プロセスがある。各国とも、毎回のCOPが終わると、様々な情報収集、分析を行いながら、次のCOPに向けた交渉戦略を立てる。本番までにどれだけの仕込みが出来るかがカギである。一方で、どんなに入念な事前準備を行ってもCOP本番では様々なハプニングが起きるので、臨機応変の対応も欠かせない。特に最後の数日間は、報道でみられるような一見華やかな国際会議や各種イベントの裏側で、各国交渉団による真剣勝

負の交渉が最終段階まで断続的になされる。厳しい，真の交渉ほど，カメラが届かないところで行われる。最後に議長が成果文書採択を告げ，木槌を打つまで，気は抜けないのである。

　気候変動交渉には実に多くのプレーヤーが集まる。政府代表団，各国議会関係者，研究機関，NGO，民間セクター，報道関係者など，その総数は数万に上ることもある。中心的役割を果たすのが各国政府代表団だが，各国毎にカラーがあって興味深い。「武器無き戦争」を戦うだけあって，各国とも歴戦の強者ぞろいである。なかには「傭兵」として各国代表団を渡り歩く猛者もいる。

　かつて日本の人気映画で「事件は会議室で起きてるんじゃない，現場で起きてるんだ！」という名セリフがあった。国連の交渉では「会議室」イコール「現場」であり，そこでは様々な事件もドラマも起きる。本稿から，少しでも交渉現場の雰囲気を感じとって頂ければ幸いである。

❶ 気候変動交渉の1年

　気候変動交渉は毎年11月末から2週間にわたり開催される締約国会議（COP）を中心に繰り広げられる。大まかな1年のサイクルは次のとおりである。まずはCOP本番から触れることとする。

(1) COP本番第1週（11月末〜12月第1週）

　COP本番は通常，11月最終週の月曜日から始まる。週末のうちに各国代表団とも現地入りして，先進国，途上国毎の交渉グループの会合で協議を行ってから，月曜日からの国連の公式会合に臨むのが通例となっている。

第4章　気候変動交渉の舞台裏

　第1週は，実務レベルの会合ということもあり，6月のボン中間会合（後述）など，それまでの作業部会と大きな違いはなく，通常は淡々と進む。しかしながら，往々にしてサプライズも起こる。

　COP15のサプライズは，第1章で触れたとおり，英紙ガーディアンにデンマーク議長国提案なるものを掲載されたことである。この報道により，議長国デンマークが少数の国々で秘密裏に成果文書をまとめようとしていたとして，途上国の反発を招き，会議の進行が何日かストップした。

　COP16のサプライズは，第2章で紹介した，初日における日本代表団の京都議定書「延長」問題についての発言である。「いかなる状況においても，第2約束期間に数値目標を書き込むことはしない」との日本発言は，基本的に従来から表明していた立場の繰り返しだったが，COP本番初日で表明されたことから，日本が交渉を妨げようとしているのではないかとの驚きをもって受けとめられた。もっとも，この発言もハプニングだった側面がある。全体会合では，通常は交渉グループの議長国が代表してステートメントを行い，個別の国が単独でステートメントを行うことはない。日本の場合でいえば，日本が所属するアンブレラ・グループの議長であるオーストラリアが代表してステートメントを行うのみであり，日本が個別のステートメントを行うことは予定していなかった。しかしながら，このときは通常の慣例に反し，いくつかの途上国が京都議定書を「延長」すべきとの個別ステートメントを相次いで行った。マルチの交渉では，沈黙は同意（"Silence means consent"）と見なされることが往々にしてある。このため，急遽，日本代表団としてステートメントを行ったのである。

　COP17のサプライズは，第3章で紹介した，カナダの京都議定書「脱退」報道である。カナダ発の報道が現地に伝わり，環境NGOの「化石賞」イベントで連日カナダが授賞されるなど，第1

週の話題はカナダが独占する形となった。

(2) COP本番第2週（12月第2週）

第1週が終わった週の日曜日は，国連の公式日程も予定されず，現地代表団にとって束の間の休息の時期である。しかし，休息の時間は短い。この頃から，各国閣僚級代表団が順次現地入りするため，先着組は第1週の交渉状況を整理して，自国の閣僚が到着次第，交渉の現状をブリーフィングして第2週に備えることになる。

第2週月曜からいよいよ後半戦になる。ハイレベル・セグメントとよばれる閣僚級セッションの公式日程は火曜日午後あたりから始まる。議長国の元首やパン・ギムン国連事務総長が出席する開会式を皮切りに，各国閣僚がその国の立場を表明するステートメントが順次行われていく。しかし，実際の交渉は，このスピーチ合戦のなされる国際会議場の外で行われる。

第2週半ばになってくると，COPの成功に腐心する議長国が交渉の打開を試みるようになる。この議長国の出てくるタイミングが重要である。あまり早すぎると，COP15のデンマークが批判されたように，締約国主導（party driven）のプロセスを蔑ろにするとして急進的な国々から批判を受ける。交渉が煮詰まって時間も限られてくる中，議長国の調停が必要とされる雰囲気が出てくる事が必要なのである。

議長国の対応は交渉の進み方にもよるし，そのときの議長国のスタイルにもよる。

COP16の議長国メキシコは，1年を通じて非公式会合を頻繁に開催して各国の立場の聞き役に徹し，COP本番の第2週までその立場は変わらなかった。第2週になって主要テーマ毎にファシリテーターを指名して関係国の議論を行わせ，第2週水曜日にようやくテーマ毎の成果文書の文言交渉プロセスを主導する様になった。

第4章　気候変動交渉の舞台裏

その後，最終日の金曜日まで個別折衝を水面下で続け，金曜日夕刻の全体会合になって初めて成果文書案の全体像を議長提案として正式に示した。平場に出た段階では実質的に合意がなされていた。メキシコの粘り強い「根回し」によるものである（ちなみにこれは，COP16の1カ月前に名古屋で開催された生物多様性条約COP10の際の議長国日本の対応に似ている。このときも，日本は各国の意見を粘り強く聞き続け，最後の最後，絶妙のタイミングで皆がギリギリ呑めると思われる名古屋議定書案文を議長提案という形で出し，コンセンサスを得る事ができた）。

　COP17の議長国南アフリカは，かなり異なるスタイルだった。前年のメキシコに比べると，非公式会合を行ってきめ細かく各国の意見を聞いて回るという形ではなかった。COP本番になって議長国主催の非公式会議（INDABA）を様々な形で行い，最も関心の高い将来の法的枠組みについては，議長のマシャバネ外務大臣自らが主催した。このプロセスが本格化したのが第2週の木曜日（最終日の前日）である。ただし，議長国の提案に対し各国から様々なコメントがついて案文が二転三転した。最終日を30時間程過ぎた日曜未明の全体会合でも，新たな枠組みの法的性格についての文言を巡ってEUやインドなど主要国間の応酬がなされるという状況であった。通常このタイミングなら，各国とも議長提案の支持表明を相次いで行い，少数の異論を押さえ込んでコンセンサスに持ち込むのが通例であるにもかかわらず，である。しかし，南アフリカの凄いところは，ここでめげることなく，まとまるまで何十時間でも延長して構わないとの気力で臨んだ点である。現地の代表団関係者は，「まとまるまで南アフリカから帰してもらえないのではないか」と思ったらしい。南アフリカ政府の関係者には，マンデラ元大統領をはじめアパルトヘイト下で投獄されていた人も少なからずいる。南アフリカ訪問で意見交換をした元閣僚にも，経歴に「拘束されてい

COP17最終段階で成果文書の文言を巡り協議を行う各国交渉団
(Courtesy of IISD ／ Earth Negotiations Bulletin)

た（"Detained"）」と堂々と書かれている元政治運動の闘士だった人もいた。どれだけ時間がかかっても会議をまとめようという不屈の姿勢は，さすがはインビクタスの国ならではと言えようか。

(3) COP 終了

　第2週後半の山場を経て，合計何十時間もの会合を経て成果文書案が主要関係国の間で合意されても，それはまだ終わりではない。成果文書案が全ての締約国が参加するCOP全体会合にかけられ，議長が文書案について一本ずつコンセンサスを確認して（第1章で述べたとおり，採決手続きが確立していないため，コンセンサス以外の選択肢はない），木槌を打って正式決定として採択しなくてはならない。

　COP15ではコペンハーゲン合意が主要国の会合で合意された後，COP全体会合にかけられた。そこで，ボリビア，ベネズエラ，ニカラグア，スーダンといった少数の国々が異論を唱えて紛糾し，コペンハーゲン合意自体はCOP決定にならず，同合意に「留意」することが決定されるという，中途半端なものになってしまった。最

第 4 章　気候変動交渉の舞台裏

カンクン COP16 での日本政府代表団作業室
(日本政府代表団関係者撮影)

終日の金曜日から日付が変わり，土曜日の正午近くのことである。翌年の COP16 では議長国メキシコの入念な根回しにより，最終日の夕方の時点でほぼ全ての締約国がスタンディング・オベーションで議長を迎えたため，すんなり採択されるかと思われた。が，それでも唯一ボリビアが反対討論を繰り広げ，結局全ての文書が採択されたのは，土曜日の午前 3 時頃であった。COP17 に至っては，最終日の金曜日から約 30 時間後，国連と会場施設側との契約も終わり，撤収作業が始まっている中での日曜日未明に全てのプロセスが終了した。

　COP 終了の瞬間は，各国交渉責任者は疲労困憊の一方，ある種の高揚感もあり，会議場や各国代表団の作業室は，独特な雰囲気に包まれることになる。

　本国政府への報告や現地での最後の記者会見，作業室の後片付けなど，全ての作業を終えると各国代表団とも各々帰国の途につき，クリスマス休暇や年末年始の休暇に入る。そして，疲れを癒しながら，来年の交渉戦略を練るのである。

(4) 交渉序盤：東京会合（3月）

COP本番が終わり，年が明けた気候変動交渉の次の1年のサイクルは，日本からスタートする。例年3月始めに東京で日本とブラジルが共催して，約30カ国の主要関係国が参加する「気候変動に対する更なる行動に関する非公式会合」（東京会合）が，その年の国際交渉の実質的な開始となる。この会合は2003年から毎年開かれており，2012年3月にも第10回会合が開かれた。年明けから1月～2月の時期は，各国とも，前年のCOPの結果を踏まえ，主要論点についての国連事務局に対する意見書（submission）を作成し，また，相互の情報交換を行いながら，次のCOPに向けた交渉戦略を練っている。そうした中，主要関係国の交渉責任者が一堂に会して，主要論点について率直に意見交換を行う，また個別の2国間会談を精力的にこなして情報収集を行い，次のステップに向けた手がかりを得るのが，この東京会合なのである。

日本も，この会合の議長国の立場をフルに活用して，主要各国の交渉スタンスについての瀬踏みを行い，その後の交渉戦略に役立てている。年末のCOPを仕切る議長国の交渉責任者も，自らの戦略策定のため，この東京会合にやってくる。2010年の第8回会合ではCOP16議長国メキシコ，2011年の第9回会合ではCOP17議長国の南アフリカから交渉のキーパーソンが来日した。2012年の第10回会合ではCOP18議長国カタールより，議長を務めるアティーヤ行政監督庁長官（首相級）が来日した。議長国のキーパーソンと日本側との信頼関係を構築することも，この東京会合の重要な役割である。

政府間会合にあわせて，2011年からは有識者を交えたサイドイベントも開催されている。2011年には日本国際問題研究所の主催にて，また2012年には地球環境戦略研究機関（IGES）と日本国際問題研究所の共催により公開シンポジウムが開催され，各国の政府

第4章 気候変動交渉の舞台裏

2013年3月に開催された東京会合（日本政府代表団関係者撮影）

関係者や有識者によるパネルディスカッションが行われている。

(5) 交渉中盤：国連交渉（4月〜8月）

4月頃にはその年の国連の正式交渉がはじまり，実務レベルの作業部会会合が数日間開催される。場所は条約事務局のあるボンだったり，国連機関の会議施設がある場所（バンコクなど）で行われたりする。年末のCOPまでの段取りを話し合うためだが，中身の議論に入る以前に，手続論で紛糾することもしばしばである。こうした状況は，「アジェンダ・ファイト」とよばれる。

1年の交渉プロセスの中間点にあたる6月には，条約事務局のあるボンで中間会合が開催される。国連気候変動枠組条約の常設機関である補助機関（SB：Subsidiary Bodies）会合のほか，アドホックに設置された作業部会も開催される。COP18まで開かれていたのは，2005年に設置された京都議定書の次の約束期間での数値目標について検討する議定書作業部会（AWG-KP）と，2007年のCOP13で設置された条約作業部会（AWG-LCA）の2つである。COP17では，新たにダーバン・プラットフォーム特別作業部会

1　気候変動交渉の1年

(ADP) を立ち上げることが合意され，これを受け，2012年のボン中間会合で設置された。

　ボン中間会合は通常約2週間程度開催される。場所はマリティム・ホテルという，大きな会議場を併設したホテルである。収容人数数百人規模から10数人程度まで，大小様々な会議施設があり，こぢんまりしたボンの町には不釣り合いな位である。ここで，世界各地から集まった各国代表団が合宿のような形で会議を行うのである。

　初日には各作業部会の全体会合（プレナリー・セッション）が開催される。議長の進行の下，欧州連合（EU），アフリカ連合（AU），小島嶼国連合（AOSIS），欧州以外の先進国の集まりであるアンブレラ・グループ（UG），途上国全体の集まりであるG77＋中国といった，様々な交渉グループがそれぞれの基本的立場を表明するステートメントを行う。個別の国がステートメントを行うこともある。大学の講堂のような大会議室で各国代表団は講義を受けるような形で着席し，正面に発言者が映し出されるスクリーンを見ながらステートメントに耳を傾ける。ステートメント内容の多くは各グループの基本的立場を表すものであり，大部分について新味は無い。が，時として各グループの交渉スタンスの微妙な変化を感じさせるニュアンスのメッセージが出てくることもある。全体会合の最後に議長が，2週間の期間中の大まかな議論の進め方を確認して散会する。

　初日の全体会合が終わると，2日目からは大小さまざまな会議が同時並行で朝から晩まで連日行われる。国連の公式会合の他，そこから派生したコンタクト・グループと呼ばれる非公式な会議，自国が属する交渉グループ会合（日本の場合はアンブレラ・グループとよばれるEU以外の先進国グループ），各種ワークショップやサイドイベントなど，様々なものがある。また，各国交渉団と個別に会談を行い，交渉全般の見通しについて突っ込んだ情報交換を行うことも

第4章 気候変動交渉の舞台裏

欠かせない。協議の進捗状況に応じて日程は頻繁に変わる。

これら全ての会合をフォローしながら，日本政府として統一的に対応するためには，チームワークが不可欠である。日本政府代表団は外務省の担当審議官級をヘッドに，環境省，経済産業省，財務省，農林水産省，国土交通省，文部科学省などの各省庁及び関係機関からなる総勢約60名の混成部隊である。各自が担当分野に応じて手分けして会合に出席する。期間中は毎朝8時頃から代表団全員のミーティングを行い，前日の各会合での概要や，当日の日程の最新状況を報告しあって情報共有を行う。その後各自が担当する会合に出席するため散らばっていくのである。会合から会合をハシゴすることもめずらしくない。昼食時間も重要な情報交換の機会である。公式日程が終わる夕刻になると，現地で取材するメディアに対するブリーフィングを行う他，各所で開かれているレセプションや食事を兼ねた2国間協議などに出てさらに情報交換を行う。

最終日には，再び国連作業部会の全体会合（プレナリー）が開催され，初日と同様，各交渉グループによる総括ステートメントが順次行われる。ボン会合の評価，今後とるべきステップなどについて，それぞれのグループの立場から発言がなされる。それまでの作業を総括する文書が作成されることもなくはないが，あまり精力が注がれるわけではない。この時点では中間点であり，議論を収斂させるモメンタムは全くないため，中身のある合意文書は作りようがないからである。

6月の中間会合の後も，必要に応じて追加会合が開催される。通常，国連の会議は8月の夏休みシーズンにはあまり開かれないが，気候変動交渉は例外である。8月中でもお構いなしに数日間〜1週間程度の会合が開かれ，通常の交渉が行われることも珍しくない。生産的か否かはともかく，真夏でも延々と議論を続ける各国交渉官の精力には驚くべきものがある。

1　気候変動交渉の1年

2012年5月のボン中間会合の模様（日本代表団関係者撮影）

(6) 交渉中盤：国連以外の会合（4月〜8月）

　国連の会合と相前後する形で，参加国を絞った形でより実質的な議論を行うための会合も開催される。

　代表的なのは，米国が主導するエネルギーと気候に関する主要経済国フォーラム（MEF：Major Economies Forum）である。元は，ブッシュ政権後期に立ち上げられた主要経済国会合（MEM：Major Economies Meeting）が原型だが，2009年に発足したオバマ政権が，米国が気候変動交渉に戻ってきたとの立場を鮮明にし，より高い重要性が付与されるようになった。参加国はG8各国のほか，中国，インド，ブラジル，南アフリカなどの新興国を含む約20カ国程度であり，世界全体の排出の8割以上を占める。これらの国々から閣僚級または高級実務レベルが出席する。議長はG8の米国シェルパを兼ねるフローマン大統領次席補佐官が務めている。日本からは外務省の地球規模課題審議官が首席代表を務め，環境省，経済産業省の審議官級が補佐する体制で臨んでいる。約1日半の日程で，年末のCOPを念頭に主要テーマについて協議を行う。参加国数が約20カ国と限定されているので，「ロ」の字型の席次の中で，双方向の

議論がなされ，テーマによっては結構白熱する。参加レベルは国連の作業部会会合と異なり，多くの参加国は閣僚級のため，交渉上のレトリックにとどまらない，各国の内政事情も踏まえた，より実質的な議論がなされる。

G8サミットも，気候変動交渉を引っ張るうえで重要な役割を果たしてきた。特に，2012年以降の将来枠組みの交渉が議論の俎上に上りだした2005年以降のグレンイーグルス・サミット，2007年のハイリゲンダム・サミット，2008年の北海道洞爺湖サミットでは，気候変動が主要議題となった。これら一連のG8サミットは，「2050年世界半減，先進国80％削減，2度以下」目標を先進国間の共通認識とすることや，途上国支援の強化などで重要な役割を果たしてきた。この過程で，日本も第1次安倍晋三内閣で「クールアース50」，福田康夫内閣で「クールアース・パートナーシップ」といったイニシアティブを打ち出してきた。

このほか，COP16前にメキシコが頻繁に行ったように，COP議長国のイニシアティブによる非公式会合が行われることもある。

(7) 国連総会（9月）

8月の夏休みシーズンが終わり，9月に入るとCOP本番まで残り3カ月弱。COP本番でいかなる成果を目指すか，そのためにどのようなステップを踏んでいくかといった観点から，各国の首脳，閣僚級の交渉への関与を促す動きが，議長国や国連を中心に本格化する。

特に，毎年9月下旬に開会する国連総会第1週の一般討論演説の機会は，世界各国の首脳級がニューヨークに集結するため，様々な問題に対する国際的関心を高める絶好の機会となる。いろいろな会議，イベントが開催され，気候変動問題も例外ではない。近年では，COP15前の2009年9月にパン・ギムン国連事務総長主催による気

候変動問題の首脳級会合が開催され，日本からも新政権発足直後の鳩山総理が出席した。2010年9月には，COP16議長国メキシコ主催による閣僚級会合が開催され，日本から前原外務大臣が参加している。

(8) 交渉終盤：プレCOPなど（10月～11月）

10月に入るとCOP本番に向けた準備も佳境に入る。COP本番前の最後の国連作業部会が開催されるのもこの頃である。

また，主要プレーヤーの一角を占めるEUは例年10月半ばに環境大臣会合を開き，COPに向けたEUの交渉方針の大枠を固めるのが通例である。2010年のCOP16前には，従来の方針から京都議定書の条件付き「容認」姿勢に転換して，日本でも大きく報道された。

COP本番1カ月前の10月下旬には，議長国主催により閣僚級の事前会合（プレCOP）が開催される。会議自体は1日半程度だが，議長国の準備状況や，各国閣僚レベルの対応振りを探るには良い機会である。

また，本番直前の11月半ばに開催される主要経済国フォーラム（MEF）も，COP本番における主要論点における各国の立ち位置を把握するうえで大変重要な機会となる。COP16で最大の争点となった，各国の排出削減目標の扱いを巡る問題は，この直前のMEFで実質的なやりとりが始まった。

11月も押し詰まってくると，日本政府もそれまでの交渉状況，主要論点を整理したうえで，本番に向けた交渉ポジションを固める作業に入る。COP本番における現地でのやりとりを踏まえて臨機応変に対応できるよう，一定の柔軟さは持っておく必要があるが，日本が目指すべき成果，日本として攻めるべき点，守るべき点を明確にし，代表団のあらゆるレベルにおいて十分な意思統一を図って

第4章　気候変動交渉の舞台裏

おくことが，現場での機動的な対応を可能にするのである。

かくして，各国代表団とも COP 本番に臨むことになる。

❷ Who's Who in climate change negotiation : 気候変動交渉のプレーヤー達

　国連の気候変動交渉の場には，多彩なプレーヤーが現れる。特に COP 本番では万単位の人々が会場に集まってくる。京都議定書が採択された COP3 の頃は数千人程度だったそうだが，コペンハーゲンの COP15 では4万人規模に膨れあがった。締約国政府の代表団のほか，NGO，メディア，民間企業，研究者，議会関係者など，様々なグループの人々が集まってきて，政府間交渉を見守りながら，様々な活動を行っている。

　以下では，気候変動交渉の場に現れる，主要プレーヤーの横顔を紹介してみたい。

(1) 市民社会（NGO）

　他の分野の国際交渉に比べ，環境，とりわけ気候変動交渉の現場においては，NGO のプレゼンスが大きい。

　気候変動交渉の国際会議は COP（Conference of the Parties）の名のとおり，あくまで Party（締約国）の会議であり，国際交渉の主体は各締約国の政府代表団である。しかし，一定の基準を満たした NGO は別個の ID 発行を受け，非公式セッションの多くの会議を傍聴することができ，全体会合では発言が認められる。

　国連交渉の期間中は，長年交渉をフォローしている NGO 関係者が毎日出すニュースレターが交渉の全体像をつかむうえで有益な情報源ともなる。その情報ネットワーク，発信力は相当なものがある。

2 Who's Who in climate change negotiation：気候変動交渉のプレーヤー達

COP17 会議場内で交渉促進を求めて抗議をする NGO 関係者
(Courtesy of IISD／Earth Negotiations Bulletin)

　人的にも，政府代表団と NGO の間は明確な境界線があるわけではなく，長年 NGO で活動してきた人物が交渉官のポストについている国も少なくない。日本政府も 2009 年の COP15 より，一定の条件の下，NGO 関係者が他の経済団体関係者とともに政府代表団に加わるようになり，緊密な意思疎通を図るようになってきている。

　NGO は，文字通り「非政府組織」であるので，様々なタイプがある。環境問題全般に活動を行っているタイプや，気候変動問題に特化した活動を行っているタイプ，森林保全やエネルギーなど特定の分野に関心があるタイプなどである。以下は，COP の場に良く顔を見せる代表的な NGO である。

- CAN（Climate Action Network）
- WWF
- Conservation International
- Union of Concerned Scientists
- World Resources Institute

(2) メディア，経済界，各国議会関係者など

NGO の他にも，気候変動交渉の場には様々なプレーヤーがいる。世界各国から取材に集まるメディアはその最たるものである。各国政府代表団や NGO なども，メディアに対する自分達の立場や活動のアピールに余念がなく，毎日，各国代表団の記者会見や NGO のイベントなどがあちこちで開催される。日本からも新聞，テレビなど様々な媒体のメディア関係者が現地を訪れ会議の模様を報じるが，記者が環境系か経済系かで，報道のトーンは異なってくる。

交渉結果の経済的影響に関心をもつ経済団体や各国議会関係者も現地を訪れ，独自のイベントや行いつつ，交渉の行方を見守る。民間企業関係者は伝統的にエネルギー，電力，鉄鋼関係が多いが，炭素市場の拡大にともない，金融関係も少なくないように思われる。

興味深いのは，世界的な著名人の存在である。COP15 ではカリフォルニア州知事のアーノルド・シュワルツェネッガー氏が現地入りしていた。COP16 には，インドネシアでの森林保全関連でジョージ・ソロス氏が顔を見せていた。2010 年の国連総会の際にパプアニューギニアが主催した熱帯雨林保全のイベントには，レオナルド・ディカプリオ氏が出席し，自分も握手を交わす機会に恵まれた。当時パプアニューギニア代表団に入っていた熱帯雨林関連 NGO のアレンジによるもので，そのネットワーキング力には，時として驚くべきものがあった。

(3) 各国政府代表団

COP が「締約国会議」である以上，気候変動交渉のメインプレーヤーは，もちろん各締約国政府の代表団である。もっとも，その体制や，交渉スタイルは各国によって様々である。

日本の場合は，気候変動交渉全体については主要 3 省（外務省，環境省，経産省）において全体の交渉戦略，方針をまとめつつ，資

2 Who's Who in climate change negotiation：気候変動交渉のプレーヤー達

金なら財務省，森林保全は林野庁，国際海運・航空は国交省といったように，個別テーマ毎に他の関係省庁も関与する形で対応する体制をとっている。

COP本番までの実務レベルの交渉では，関係省庁からなる政府代表団が組織されて対応する。団長は会合の種類に応じ，外務省の地球環境担当大使，地球規模課題審議官又は担当審議官級が務めている。

各国閣僚級が参加するCOP本番第2週目以降は，環境大臣が代表団長を務め，それに外務省，経産省，農水省の副大臣，政務官クラスの政務レベルが加わり，それまでの交渉経緯を知る実務レベルが補佐する体制となる。

以下は，COP15からCOP17の間における主要関係者である（肩書きはいずれも当時）。

- 鳩山由紀夫総理大臣：2009年の国連総会時の気候変動首脳級会合，COP15首脳級会合に参加。
- 小沢鋭仁環境大臣：COP15代表団長
- 松本　龍環境大臣：COP16代表団長
- 細野豪志環境大臣：COP17代表団長
- 杉山晋輔外務省地球規模課題審議官：COP15-16における実務責任者
- 平松賢司外務省地球規模課題審議官：COP17における実務責任者

以下では，各国交渉団の陣容，キーパーソンを紹介したい（肩書きはいずれも当時）。

(イ) 米　国

超大国であり，かつては世界1，今でも2番目のCO_2排出国（エネルギー起源CO_2ベースで世界全体の18％）でもあることから，そ

第4章　気候変動交渉の舞台裏

の存在感は大きい。

米国代表団は，国務省の気候変動担当特使を中心にチームが構成されている。個別テーマでは資金なら財務省，エネルギーならエネルギー省というように各省庁もチームに入ってくる。また，米国が主催するMEFの際にはホワイトハウス関係者も関与することになる。交渉関係者のバックグラウンドは法律家，学者，環境エネルギーNGOなど様々である。シニアレベルは政権が交替すると多くが入れ替わるが，現在の交渉チームはクリントン政権時代の京都議定書が採択されたCOP3の頃に交渉に関与していた人物が多い。

- トッド・スターン：気候変動担当特使。法律家。クリントン政権でもCOP3のときに気候変動交渉に携わる。オバマ大統領，クリントン国務長官が現地入りしたCOP15を除き，COP16，COP17で米国代表団長を務めている。
- ジョナサン・パーシング：気候変動担当次席特使。国連作業部会など，実務レベルの交渉の米国代表団長を務めており，実務レベルの米国代表団の顔だが，長身・あごひげの独特の風貌も印象的である。普段はにこやかな普通のアメリカ人だが，交渉の席上でマシンガンのように繰り出される弁舌は迫力がある。地質学者。
- スーザン・ビニアス：国務省法律顧問。長年気候変動交渉に携わっている生き字引的存在。COP17後の欧米メディアの報道によれば，最後まで紛糾した将来枠組みの法的性格についての文言交渉において，EU，インドの双方が折合える表現（agreed outcome with legal force）を出したのは彼女であるとされている。
- マイク・フローマン：大統領次席補佐官。G8サミットにおける米国シェルパ。通常は気候変動交渉には出てこないが，主要経済国フォーラム（MEF）を開催する際には議長として参加し，米国代表のスターン特使と役割分担をしている。

2 Who's Who in climate change negotiation：気候変動交渉のプレーヤー達

パーシング気候変動担当次席特使（筆者撮影）

(ロ) 中　　国

　今や世界最大のCO_2排出国（世界全体の24％）であり，その存在感はきわめて大きい。コペンハーゲンCOP15では，「コペンハーゲン合意」の文言交渉を巡って米欧と激しく対立し，交渉をブロックしようとしているとの否定的イメージを強く印象づけた。その教訓もあってか，カンクンCOP16では非常に静かであった。逆に，ダーバンCOP17では積極的なメディア攻勢に転じ，立派なパビリオンを作ったり，記者会見に積極的に応じたりしていた。

　中国の代表団は，5カ年計画の策定，実施をはじめとする経済政策の司令塔である国家発展改革委員会が中心となり，そこに環境保護部や外交部出身の人たちが集まる形でチームができている。

- 解振華（シエ・チャン・ホア）：国家発展改革委員会副主任（閣僚級）。国連の会議では中国の政府代表団長を務め，MEFの常連でもある。国際交渉のみならず，中国国内における中期目標，第12次5カ年計画の実施にも責任を持っている。元環境保護部長（環境大臣に相当）を務め，トキ協力で日本との縁も深い。英語は解さないが，いつも通訳を連れている。普段は訥々とした語り口だが，いざというときには猛然と中国の立場を中国語で主張するところは迫力がある。

- 蘇偉（スー・ウェイ）：国家発展改革委員会気候変動司長（局長

123

級)。外交部出身の国際通であり,英語に堪能。日本など先進国の立場とは異なる,中国独自の論理に基づき主張する姿勢は,交渉相手としては手強い存在である。

(ハ) インド

世界第3の排出国（世界全体の約5.5％）であり,中国と並んで途上国の中で大きな存在感を占めている。中国側代表団がより組織的に対応しているのに比べ,インドの場合はトップの性格に左右される面が大きい。ラメシュ前大臣の頃は,途上国の立場を堅持しつつも,米国と途上国の間を仲介するような役割を果たした面もあったのに比べ,ナタラジャン現大臣になってからは,途上国としてのより伝統的な立場に回帰しているようにも思われる。

インド代表団は,環境森林大臣以下の環境森林省関係者に加え,国際会議で最終的に合意される文書の文言交渉の観点では,外務省も強く関与している。

- ラメシュ：前環境森林大臣。カンクンCOP16までのインド代表団長を務め,MEFの常連。途上国の代表としての立場を維持しつつも,そのユニークな人柄と柔軟な発想により,COP16では先進国,途上国双方のMRVガイドラインについて建設的提案を出すなど,交渉前進に貢献し,先進国と途上国の双方に良いパイプを築いた。日本との関係も良好であり,京都議定書を巡る問題や2国間協力にも現実的な姿勢を見せてきた。2011年夏に農業開発大臣に転じた。
- ナタラジャン：ラメシュ大臣の後に環境森林大臣に就任。COP17が実質的な初舞台であり,その手腕は未知数だったが,将来枠組みの法的性格を巡る協議の最終段階でEUのヘデゴー委員と激しい応酬を繰り広げ,タフ・ネゴシエーターとしての一面を見せつけた。

2 Who's Who in climate change negotiation：気候変動交渉のプレーヤー達

- マウスカル：元環境森林省特別次官のベテラン交渉官。将来枠組みを議論するため新たに設置されたダーバン・プラットフォーム特別作業部会の共同議長に就任。

㈡ EU，欧州諸国

欧州は環境交渉を長年リードとしてきたとの自負があり，COPの交渉でも先進国間の協議のみならず，途上国との協議，NGO，メディアへの発信など大変熱心に行っている。

① Ｅ Ｕ

COPの場では，半年毎に交替するEU議長国の担当閣僚とブラッセルの欧州委員会の担当委員がEUを代表するという複雑な構成となっている。COP17の時の議長国はポーランドであり，石炭使用の割合が大きい同国の対応が後ろ向きであり，欧州の代表として不十分であるとの批判報道がなされた面もあった。議長国を支えるブラッセルの欧州委員会気候行動総局が，加盟国間の複雑な利害を調整する役回りを務める。COP直前の10月の欧州環境大臣会合では，COPに臨むEUの対処方針文書が了承，公表されるが，その文言から，EU内の微妙な力学を読み取ることができる。

- コニー・ヘデゴー：気候行動担当欧州委員。デンマーク出身。コペンハーゲンのCOP15ではデンマークの環境大臣としてCOP議長を務めた。その後，気候行動担当の欧州委員に転じる。COP17では，その攻撃的な交渉スタイルにより，"Connie the Barbarian"との異名をとった。
- アルトゥール・ルンゲメツカー：気候行動総局国際気候戦略担当局長。

② ドイツ

国連気候変動枠組条約事務局をボンに抱え，COP1をベルリンで

第4章　気候変動交渉の舞台裏

開催し，京都議定書策定を開始するベルリン・マンデートの採択を議長国として実現したドイツは，欧州の中でも気候変動問題に最も熱心な国の1つである。3／11，福島の後には，原子力発電を凍結する判断を下した。

- メルケル：首相。環境大臣時代にCOP1議長を務め，ベルリン・マンデート採択に貢献した。議長を務めたG8ハイリゲンダム・サミットでも，気候変動問題を主要議題に据え，「2050年に世界半減，先進国80％削減」目標を（米国を除く）G8の共通認識にするのに尽力した。
- カールステン・ザッハ：独環境省局長。COPやMEFなど，ほとんど全ての気候変動交渉に出る，実務レベルでのドイツの顔である。

③　英　国

英国も気候変動問題に最も熱心な国の1つである。ブレア政権時代にはグレンイーグルスG8サミットで気候変動問題を主要議題にしたほか，ブラウン政権時代にもパン・ギムン国連事務総長が設立した途上国支援の資金問題を扱う諮問グループの共同議長をブラウン首相自身が務めたりするなど，強い関心を示し続けた。背景には，炭素市場関連の取引拡大に利害を有するシティーの金融業界や，ロンドンに本部を置く環境NGOの影響が働いているなど，様々な見方がある。保守党・自由民主党連立のキャメロン政権になってからは，積極的な自由民主党と比較的慎重な保守党の間で微妙な温度差があるようにも見受けられる。

原子力発電については，安全性確保を前提にしつつ，再生可能エネルギーやCCSと並ぶ有望な低炭素技術と位置づけており，この点，ドイツとは異なるスタンスである。

- エド・ミリバンド：ブラウン政権時代の気候変動エネルギー大

2 Who's Who in climate change negotiation：気候変動交渉のプレーヤー達

臣。コペンハーゲンのCOP15における主要プレーヤーの1人であり，最終段階の全体会合で一部の途上国が反対表明をする中，コペンハーゲン合意を正式なCOP決定とするよう訴えた。ブラウン首相退陣後は野党となった労働党党首に就任。

- クリス・ヒューン：キャメロン政権になってからの気候変動エネルギー大臣。自由民主党出身で元ジャーナリスト。COP16では，京都議定書「延長」問題を巡って日本の立場を厳しく批判し，日本の杉山外務省地球規模課題審議官との間で激しいやりとりを行った。
- ピーター・ベッツ：気候変動エネルギー省局長。この分野で経験の長い実務レベルの主要人物の1人。

④　フランス

ドイツ，英国に次ぐ形で様々な形で気候変動問題への発信に積極的であり，ノルウェーと連携して熱帯雨林保全の国際連携（REDD+パートナーシップ）を提唱したり，ケニアとともにアフリカにおける再生可能エネルギーの普及促進の国際協力（パリ・ナイロビ・イニシアティブ）を唱えたりしている。京都議定書「延長」問題については，他国のスタンスにかかわらず，欧州が無条件に「延長」に賛同すべきとの立場である。

㈱　その他新興途上国

中国，インド以外の新興途上国の存在感も高まっており，その多くはG20の参加国と重なっている。

①　メキシコ

COP16議長国。前年のコペンハーゲンのCOP15の教訓を踏まえ，国連交渉のマルチラテラリズムの立て直しのため，2010年の1年間を通じて，様々な立場の国々と粘り強く協議を続けてカンクン合

意の成立にこぎつけた。中南米にはキューバ，ベネズエラ，ボリビアをはじめ，先進国に対し急進的批判を繰り広げる国が多いが，こうした国々とも水面下で協議を行いながら，最終段階でボリビア以外の国々をもカンクン合意に賛同させた。

COP の議長は通常，議長国の環境大臣が務めることが多いが，メキシコでは外務大臣が議長を務め，実務レベルでもマルチの国連交渉に経験の豊富な外交官が交渉の前面に立っていた。コペンハーゲンの教訓から，気候変動問題を環境問題であるとともに，各国の利害が複雑にからみあう外交問題だと明確に認識して対応した初めての国といってよいかも知れない。

- カルデロン：大統領。コペンハーゲンの COP15 の現場では，次期議長国のトップとして交渉の最後まで見届けていた。首脳レベルで環境問題について積極的に発信するうちの１人。
- エスピノサ：外務大臣。職業外交官出身であり，カルデロン大統領の指名により，COP16 議長を務めた。COP16 の本番に至る１年を通じて，精力的に各国を回って合意形成に務めた。
- デ・アルバ：外務省気候変動特使。国連畑が長いベテラン外交官。エスピノサ外相を補佐して，実務レベルで各国の交渉責任者と粘り強く協議を行い，各国のレッドラインを測りながら，最大限合意可能な文書としてのカンクン合意の作成に中心的役割を果たした。日本の交渉チームとの協議も数知れない。COP16 の後，ニューヨークの国連代表部常駐代表に転じた。

② ブラジル

1992 年のリオ地球サミット，2012 年のリオ＋20 を主催した国として，途上国の中での環境問題のリーダーとしての自負は強い。そのよって立つ論理は先進国とは相当異なるが，共通する面もある。アマゾンを抱え，熱帯雨林保全にも強い関心を持つ。日本とは例年

2 Who's Who in climate change negotiation：気候変動交渉のプレーヤー達

3月に「気候変動問題に対する更なる行動に関する非公式会合」を共同議長として主催しており，この分野での日本とのつながりは深い。

ブラジル代表団は，閣僚級では環境大臣が務めるが，大使級の高級実務レベル以下は，外務省のマルチ交渉担当部局が務めている。

- テイシェイラ：環境大臣
- マシャード：外務省副次官。局長時代は気候変動交渉の実務レベルのトップを務める。
- ラーゴ：外務省局長。マシャードの後任。リオ＋20の実務レベルの責任者でもある。

③ 南アフリカ

COP17議長国。アフリカ随一の大国であり，BASICの一員。前年のCOP16議長国メキシコが1年かけて周到な根回しを行っていたのに比べるとフットワークは重く，采配ぶりが危ぶまれる事もあったが，COP本番の最終段階で丸1日以上延長してダーバン合意をまとめた粘りは驚異的であった。

例年，南アフリカの代表団は水・環境省が中心となる。一方，COP17のときは，メキシコの例を踏襲し，COP議長は外務大臣が務め，水環境大臣は南アフリカの代表団長を務めるという体制をとった。

- マシャバネ：外務大臣。COP17議長としてダーバン合意の採択にこぎつけた。
- ディセコ：外務省気候変動特使。前職はウィーン代表部に在勤し，マルチの国連外交の経験を買われてマシャバネ大臣の補佐役を務めた。
- アルフ・ウィルス：水・環境省副次官。気候変動交渉の経緯に精通した，ベテラン交渉官。MEFの常連であり，日本とブラ

ジルの共催の非公式会合にも毎年来日して顔を出す。巨体で，後ろに束ねた長髪がトレードマーク。

④ インドネシア

COP13議長国。特に熱帯雨林保全分野での存在感は高い。

- ラフマット・ウィトラール：国家気候変動評議会執行議長。COP13で環境大臣として，議長を務めた。2012年4月の東アジア低炭素成長パートナーシップ対話第1回会合では，玄葉外務大臣とともに共同議長を務めた。
- アグス・プルノモ：国家気候変動評議会事務局長。気候変動問題での大統領補佐官も兼任。

⑤ 韓　　国

OECD加盟国であり，開発援助委員会（DAC）メンバーとして援助国にもなった韓国だが，国連気候変動枠組条約上は非附属書I国，すなわち途上国扱いとなっており，その立場は微妙である。

李明博政権になり，韓国は先進国と途上国の架け橋的な役割を果たすとして，グリーン成長を推進する旗ふり役を自認してきた。2012年のCOP18のホスト国を最後までカタールと争い，緑の気候基金の事務局誘致に名乗りをあげるなど，国連交渉でも積極的である。2010年からグローバル・グリーン成長研究所（Global Green Growth Institute）という組織を設立して，途上国におけるグリーン成長戦略の策定を国際的に支援することを積極的に呼びかけている。この研究所は2012年に10数カ国からなる国際機関に改組された。

韓国では気候変動交渉は，閣僚級では環境部長，実務レベルでは外交通商部の気候変動特使が責任者として対応する体制をとっている。

- ハン・スンス：元国務総理。外相，駐米大使を歴任，国連総会議長やOECD閣僚理事会議長も務めた韓国政界の重鎮である。

2 Who's Who in climate change negotiation：気候変動交渉のプレーヤー達

元は学者であり，流暢な英語での対外発信力は高い。OECD閣僚理事会議長時代にはOECDグリーン成長戦略の策定プロセスにも関与した。2010年からは2012年6月まで前述のグローバル・グリーン成長研究所の理事長を務め，内外でグリーン成長推進を訴えてきた。

- チョン・レコン：元気候変動特使。外交通商部で長年環境外交に携わったベテラン交渉官。現在は国連アジア太平洋委員会（ESCAP）の環境開発局長として，アジア太平洋地域におけるグリーンロードマップの作成を主導。エネルギーのみならず交通政策や税制等，様々な公共政策を動員してグリーン成長を促すことを提唱している。

⑥　シンガポール

OECD加盟国だが，韓国と同様，国連の枠組み上は途上国扱いである。AOSIS（小島嶼国連合）の一員でもあり，様々な顔を持つ国である。先進国・途上国双方の交渉ポジションの違いを見極めつつ，絶妙のタイミングで「落としどころ」のアイデアを提示する術に長けている。

- バラクリシュナン：環境大臣
- ガフール：外務省気候変動担当大使

(ヘ)　その他先進国
① 豪　　州

豪州は資源国であり，地理的にはアジア太平洋に位置しながら，英国等欧州との歴史的つながりもあり，環境外交における立場は微妙である。炭素税導入問題がラッド政権からギラード政権に交替した大きな要因となるなど，気候変動問題は国内政治上もセンシティブな問題である。豪州は，非EUの先進国の集まりであるアンブレラ・グループ（UG）の議長国やビューロー会合（国連交渉における

幹事会的な集まり）のメンバーとして，グループ内の調整や，他グループとの情報交換に積極的役割を果たしている。

京都議定書「延長」問題では立場を曖昧にしてきたが，結局，COP18ではEU等と足並みを揃えて第2約束期間に参加する選択をした。

- ケビン・ラッド：前首相，前外相。
- コンベ：気候変動大臣
- ジャスティン・リー：外務省気候変動担当大使。実務レベルの責任者。

② ＮＺ

交渉では豪州とほぼ同じ立場をとってきたが，京都議定書「延長」問題では第2約束期間不参加の選択をして，豪州とは一線を画した。

- ティム・グローサー：気候変動大臣。WTO農業交渉で長年活躍した人物。
- ジョー・ティンダル：気候変動担当大使。

③ ロシア

ロシアは，気候変動交渉では日本と同様，全ての主要国が参加する法的枠組みが重要であり，一部の国々しか義務を負わない京都議定書の「延長」には反対であるとの立場をとっている。ロシアは国連気候変動枠組条約上，附属書Ⅰ国（先進国）の扱いであり，日本の「マイナス6％」に相当する数値目標（90年比で横ばいの0％）もあるが，東西冷戦終了，旧ソ連解体後の経済の落ち込みにより，他の旧東側諸国と同様CO_2排出は大幅に下がっている。日本のように海外からのクレジット購入によらなくては達成できないような状況にはない。むしろ，他国に売却しうる排出枠が余っている状況であり，これは「ホットエアー」と呼ばれている。

2 Who's Who in climate change negotiation：気候変動交渉のプレーヤー達

- ベドリツキー：大統領顧問。COPやMEFで首席代表を務めるロシアの顔である。

④ **カ ナ ダ**

カナダは，COP17の期間中に京都議定書脱退を噂され，実際，COP17直後に脱退を表明した。通報から1年後の2012年末に議定書脱退が発効し，第2約束期間のみならず，第1約束期間の義務についても負わないことになった。実際，数年前からカナダは海外クレジット購入も行っておらず，事実上第1約束期間の遵守を諦めていたフシがある。この点，第1約束期間の義務履行の努力を継続している日本とは異なる。

- ケント：環境大臣。COP17直前に京都議定書脱退を示唆して一躍有名になり，COP終了直後に正式に脱退を表明した。
- サンジャック：気候変動大使

⑤ **ノルウェー**

人口約500万の小国だが，国際保健やクラスター爆弾禁止条約など，様々なグローバル課題で積極的活動，発信を行っており，気候変動問題もその1つである。交渉姿勢はEUに近いが，日本や米国，豪州などと同じ非EUの先進国の集まりであるアンブレラ・グループの一員である。2010年には森林保全の国際連携の枠組みであるREDD+パートナーシップを立ち上げるオスロ会議を主催するなど，森林保全には特に熱心である。産油国でもあり，石油収入をベースにした潤沢な資金が，こうした積極的な外交姿勢を支えている面もある。

- ストルテンベルク：首相
- ドブランド：ダーバン・プラットフォーム特別作業部会の共同議長。

第4章 気候変動交渉の舞台裏

(ト) 脆弱途上国

島国やアフリカ，低開発途上国（LDC）など，自国の CO_2 排出は多くないが，温暖化の悪影響を最も受ける国々である。国の数も多く，彼らの主張には，先進国，新興途上国とも耳を傾けざるを得ないことから，強い発信力をもつ。

① AOSIS（小島嶼国連合）

気候変動交渉において一際存在感を示すのが，気候変動の悪影響に最も脆弱とされる世界中の島国である。これらの国々は小島嶼国連合（Alliance of Small Island States）とよばれる交渉グループを作っており，COP17 まではグレナダ（カリブ）が，2012 年からはナウル（南太平洋）が議長国を務めている。多くは南太平洋とカリブ海の島国だが，モルディブ（南アジア）やカーボヴェルデ（アフリカ），シンガポール（東南アジア）といった他の地域の島国も含まれる。国連交渉には多くはニューヨークの国連代表部から参加している。

以下の3名は AOSIS の主要人物だが，2012 年 7 月に開催した日本と AOSIS との気候変動政策対話の際にも来日しており，日本との関係も深い。

- デシマ・ウィリアムス：グレナダ国連代表部常駐代表。2011 年までの AOSIS 議長国として小島嶼国を代表して発言してきた。
- セルウィン・ハート：バルバドス国連代表部参事官。
- キシャーン・クマルシンギ：トリニダード・トバゴ代表。ダーバン・プラットフォーム特別作業部会の副議長・次期議長。今後の国連交渉のキーパーソンの1人。

② アフリカ諸国

一口にアフリカといっても各国の事情は様々であり，一括りにす

2 Who's Who in climate change negotiation：気候変動交渉のプレーヤー達

るのは難しいが，それでもアフリカ連合（AU）グループは54のアフリカ大陸の国・地域を束ねる一大交渉グループである。

同じ地域グループでもEUに比べると，AUの中の政策調整は必ずしもよく見えない。COP17までの体制では，首脳級の調整国はエチオピア，閣僚級の調整国はマリ，交渉官級の調整国はコンゴ民主共和国であった。

- メレス：エチオピア首相。ブラウン英首相（のちストルテンベルク・ノルウェー首相）とともに途上国支援の財源について検討する国連の諮問グループの共同議長を務めた。2012年8月逝去。

(チ) 産油国

気候変動交渉においてひときわ特異なのが産油国である。化石燃料である石油・天然ガスの輸出で国が成り立っている彼らからすれば，化石燃料への依存を減らすよう促す気候変動交渉は敵以外の何者でもないのであろう。彼らの交渉姿勢は，あらゆる機会をとらえて交渉遅延を狙っている様にみえるし，温暖化対策が産油国経済に与える悪影響を補償すべしといった「対応措置（response measure）」といわれる独特の主張を掲げている。2010年のある国連作業部会では，その交渉姿勢に業を煮やした国際NGOが，サウジアラビアのネームプレートをトイレに投げ入れる事件があり，大問題になったこともあった。

① サウジアラビア
- アルサバーン：長年の気候変動交渉における，産油国の顔。

② カタール

COP18議長国。産油国がCOP議長に名乗りをあげたことで関心をよんだ。同じ産油国でもサウジアラビアに比べると，国際交渉に

第4章　気候変動交渉の舞台裏

おけるカタールの存在感は高くなく，その手腕は未知数であったが，数多くの国際会議の主催実績はあり，結局COP18も何とか乗り切った。

- アブドラ・アル・アティーヤ：行政監督庁長官。COP18議長。天然ガスの対日輸出の縁で日本との関係も深い。

(リ)　「お雇い外国人交渉官」

　気候変動交渉の現場では，各国政府交渉団において，その国に住んでおらず国籍すら持っていない交渉官が存在感を発揮することがある。特に脆弱途上国では，環境交渉に長けた外国人が，本国政府のトップの信任を得て，いわば「お雇い外国人」として，その国の交渉団を率いるケースがあるのである。

　たとえば，南太平洋の島国であるツバルの交渉団は，オーストラリア在住の環境NGO出身のオーストラリア人が交渉に参加している。

　また，パプアニューギニアでは，ニューヨークに拠点をおく熱帯雨林関連NGOに所属するイタリア人がパプアニューギニア政府代表団の一員として交渉に参加していた。前述の日本とパプアニューギニアが共同議長としてREDD+パートナーシップ閣僚級会合を開催した際は，このお雇い外国人と一緒に準備にあたった。

　お雇い外国人は必ずしも先進国出身とは限らない。COP15における途上国の交渉グループ「G77+中国」の議長国はスーダンだったが，その政府代表団でG77+中国を代表してコペンハーゲン合意反対の大論陣を張っていたのは，フィリピン国籍の交渉官だった。この交渉官はその後，フィリピン政府代表団に戻っている。

2 Who's Who in climate change negotiation：気候変動交渉のプレーヤー達

フィリピンの名物交渉官。同人は COP15 では
スーダン代表団として発言していた（筆者撮影）。

㈱ 国　　連

国連での気候変動交渉は，COP 議長国と，ボンにある国連気候変動枠組条約事務局とが二人三脚の形で1年の交渉プロセスを主導する。COP 議長国が各国との交渉をとりまとめるためには，毎年の気候変動交渉の実務に精通している条約事務局スタッフのサポートを得る必要があり，COP の成功のためには両者の緊密な連携は不可欠である。

また，各国首脳レベルの関与を得るうえでは，国連事務総長以下，ニューヨークの国連本部事務局の役割も大きい。

- パン・ギムン：国連事務総長。COP15 に先立つ 2009 年 9 月には気候変動に関する首脳会合を開催し，コペンハーゲンでの交渉妥結に向けた各国首脳の関与を得るべく尽力。その後も，気候変動対策の資金源に関する諮問委員会や「地球の持続可能性パネル（Global Sustainability Panel）」を設置するなどのイニシアティブを発揮している。
- クリスティアーナ・フィゲレス：2010 年より国連気候変動枠組条約事務局長を務める。コスタリカ出身。

フィゲレス条約事務局長
（国連 HP より）

第 4 章　気候変動交渉の舞台裏

　以上長々と紹介したが，これらの人々は，気候変動交渉に出てくる主要関係国の，閣僚，首席交渉官級の一部に過ぎない。各国ともその下に個別テーマ毎の専門家を交渉官として抱えており，彼らが交渉の実務を担っているのである。

コラム④　COP の風物詩？「化石賞」イベント

　ここで，気候変動交渉の場での NGO の活動としてメディアがよく取り上げる，いわゆる「化石賞」イベントについて紹介したい。

　これは，世界の環境 NGO の集合体である Climate Action Network が，1999 年から気候変動交渉の期間中に実施しているイベントである。毎日の交渉の場での各国政府代表団の発言をとらえて，NGO 関係者が投票を行い，交渉に消極的とされる国を名指しして「本日の化石（Fossil of the day）賞」を贈るパフォーマンスを行うものである。

　日本も京都議定書「延長」問題での立場が「後ろ向き」との理由で何度か「化石賞」を授与され，日本のメディアにも取り上げられた。もっとも，現場では毎日，様々な国々が様々な理由で選ばれている。たとえば，COP17 の期間中の「化石賞」授賞国の一覧は別表のとおりである。京都議定書脱退報道で話題をよんだカナダのほか，米国，欧州，一途上国など様々な国がやり玉にあげられた。日本は，2 週目に入り，京都「延長」問題での方針を変えないことをもって一度だけ「化石賞」を授与された。

　このイベントは，気候変動交渉への関心を高める点では確かに一定の役割を果たしてきた。ただ，その選定には，首をかしげざるを得ない面がないわけではない。たとえば，コペンハーゲン COP15 において，中国のネガティブな対応が際だったのは周知の事実だが，中国が「化石賞」を授与されることはなかった。中国の NGO の反対にあった為との噂もある。また，交渉の現場では当たり前の光景になっている，一部途上国交渉官による「交渉のための交渉」ともいえる問題行動が俎上に載せられることもない。そうした構図を批判的に取り上げるメディアもない。このため，一般国民が気候変動交渉の実態を知ることも難しくなる。

　この種のイベントは，あらゆる国・組織に対してタブー無く切り

コラム④

込んでこそ価値がある。タブーを設けた途端にマンネリ化し，イベント自体が化石化しかねない。メディア報道も同様であろう。

環境問題に対する世論啓発において NGO，メディアの果たす役割は大きい。タブー無き活動を望みたい。

COP17「本日の化石賞」受賞国

化石賞とは
国連気候変動枠組条約の下で国際交渉が行われる際に，交渉に最も消極的な貢献を行った国（上位数カ国）に対して，700 以上の組織を含む国際的な NGO ネットワークである CAN（気候行動ネットワーク）が与える「賞」。1999 年の第 5 回締約国会議（COP5，於ドイツ・ボン）以来継続的に行われ恒例となっており，会議期間中，毎日「本日の化石賞（fossil of the day）」が発表される。

【11 月 28 日】
1 位　カナダ
2 位　カナダ
3 位　イギリス

【11 月 29 日】
1 位　カナダ
2 位　アメリカ

【11 月 30 日】
1 位　ポーランド
2 位　カナダ

【12 月 1 日】
該当国なし

【12 月 2 日】
1 位　ブラジル
2 位　ニュージーランド
3 位　カナダ

【12 月 3 日】
1 位　トルコ

【12 月 4 日】
日曜日のため発表なし。

【12 月 5 日】
1 位　ロシア，ニュージーランド
2 位　サウジアラビア
3 位　アメリカ

【12 月 6 日】
1 位　カナダ

【12 月 7 日】
1 位　アメリカ
2 位　アメリカ

【12 月 8 日】
1 位　アメリカ
2 位　日本，カナダ，ロシア
3 位　ニュージーランド

【12 月 9 日】
1 位　ニュージーランド

【2011 年大化石賞】
カナダ，アメリカ

出典：CAN 発表を元に筆者作成

第 5 章

「悪魔は細部に宿る」：
気候変動交渉の修辞学

第5章 「悪魔は細部に宿る」：気候変動交渉の修辞学

はじめに

(1) １年の気候変動交渉の集大成は「COP決定文書」

1年間の気候変動交渉の議論の結果は，最終的には年末のCOPの決定文書に集約される。それまでの様々な国際会議で作成される膨大な数の文書は，基本的には中間的な成果物である。もちろんG8サミットで作成される首脳文書は相当の重みを持つものだが，G8のみが当事国であり，中国やインドなどから「自分達とは関係ない」と言われればどうしようもない。あくまで全ての締約国が関与するCOP決定文書（京都議定書締約国会合の場合はCMP決定文書）が最も高いレベルの正統性をもつことになる。しかもCOPは継続的プロセスである。その年のCOP最終日に採択されたCOP決定が，翌年の交渉のベースとなり，その影響は何年も続く。条約や議定書の改正，新たな議定書の策定といった，ルールメイキングにつながる可能性もある。

したがって，COP決定文書を巡る交渉プロセスは熾烈を極める。特に各国閣僚級が現地入りするCOP本番の第2週後半の数日間は，主要国閣僚クラスが入り乱れての激しいやりとりが繰り広げられる。最終日の金曜日の日付が変わっても激論が続くことも珍しくない。成果文書の文言については，文字通り一言一句，本文のみならず，脚注から引用文書に至るまで，微に入り細にわたる検討がなされるのである。

そして最終的に出来上がった文書は，各国の様々な立場の微妙なバランスを反映した玉虫色の表現が数多く盛り込まれたものになる。よく，国内での日本政府の文書について，関係省庁の協議を経た玉虫色の表現をもって「霞ヶ関官庁文学」と揶揄されることがあるが，気候変動交渉における成果文書を巡る文言交渉過程の激しさは，国内の比ではない。各国の交渉責任者の間の丁々発止のやりとりを経

て，膨大な「COP文学」が生み出されるのである。

(2) **気候変動交渉のハイライト：ドラフティング・セッション**

技術的だが，ドラフティング・セッションとよばれる，具体的な文書案をもとに，成果文書をつくる最後の過程が国連の気候変動交渉の核心といってもよい。

まず，文書案がテーブルにのる前から交渉は始まっている。文書案を提示する立場の議長に対して様々なルートで自国の立場をインプットし，議論の土台になる議長提案の文書案に自国の立場が反映されていればいるほど，それだけ有利になる。

実際に交渉のテーブルに文書案がのせられたら，その字句，表現をみて，限られた時間で自国の交渉ポジションに照らして問題ないかどうかを素早くチェックする。受け入れ可能かどうか，受け入れ困難ならどういう代替案なら可能かを判断しなくてはならない。「悪魔は細部に宿る（The devil is in the details）」というとおり，どこに落とし穴があるか分からないので細心の注意が必要である。そして，自分の座席の前の「JAPAN」のネームプレートを立てて発言を求め，自国の立場を論理立てて主張するのである。

当然，各国からも自国の立場に従って，様々な主張がなされる。1つの字句，表現を巡って何度も応酬がなされることも往々にしてある。複数の表現がオプションとして並記されたり，コンセンサスが出来ていない表現をブラケット（カッコ）に入れたりすることもあるが，最終段階で大人数がこれをやり出すと収拾がつかなくなる。このため，議長国は極力議論の拡散を避けようとする。主要論点毎に分割して小数の関心国で表現を固めて最後に一本化したり，議論の流れを踏まえて議長提案の2次案，3次案を出したりして収束を図ろうとするのである。前者がCOP16でメキシコが，後者がCOP17で南アフリカがとった手法だが，特に決まったやり方があ

第5章 「悪魔は細部に宿る」：気候変動交渉の修辞学

カンクンCOP16における小人数会合の会場（日本側代表団関係者撮影）

るわけではない。どういう流れになろうと，臨機応変に対応しなくてはならない。

そこには事前に用意されたステートメントを読み上げるのではない，真剣勝負の世界がある。こうした議論についていけなければ，国際交渉では太刀打ち出来ない。

各国首脳が集まったコペンハーゲンCOP15では，コペンハーゲン合意の中の表現における，途上国の温暖化対策の検証のあり方が焦点となり，最後は米中間のやりとりで固まった。京都議定書「延長」問題がクローズアップされたカンクンCOP16では，先進国と途上国の温暖化対策を将来枠組みと京都議定書の双方にいかに位置づけるかが焦点となり，日本側代表団が成果文書の表現に最も腐心したのも，この点についてであった。ダーバンCOP17では，目指すべき将来枠組みの法的性格についての表現を巡ってEUとインドが最後まで争った。

本章では，COP15からCOP17までの成果文書において焦点となった箇所を題材に，気候変動交渉の一端を紹介することとしたい。

❶ COP15：コペンハーゲン合意ハイライト

　周知のとおり，COP15における最大のハイライトはコペンハーゲン合意（the Copenhagen Accord）の作成である。この文書自体は，COP15では，正式なCOP決定にはならなかったが，翌年のCOP16のカンクン合意の基礎となったものであり，その後の気候変動交渉を方向付ける重要文書である事は間違いない。何よりも，オバマ米国大統領や温家宝中国首相，鳩山総理をはじめ，主要国の首脳が文字通り夜を徹して10数時間にわたり案文交渉に関わったという事実がこの文書に特別の重みを与えている。

　コペンハーゲン合意自体は全体で12のパラグラフからなる短い文書である。しかしながら，長期目標（パラ1，2），適応（パラ3），先進国，途上国の緩和（パラ4，5），森林保全（パラ6），市場メカニズム（パラ7），資金（パラ8から10），技術（パラ11），長期目標のレビュー（パラ12）と，気候変動交渉の主要課題をほぼ網羅している。なかでも，根幹となるのが先進国と途上国の排出削減目標，緩和行動に触れたパラ4，5である。

(1) 先進国の排出削減目標

　先進国の排出削減目標について触れたパラ4は，第1文で，附属書Ⅰ国（先進国）が2020年までの排出削減目標を実施することにコミットし，その目標を2010年1月31日までに条約事務局に提出するとある。ここまでは，京都議定書に入っていない米国を含め，全ての先進国が同じことをすることが求められている。重要なのは，第2文である。

　第2文では，第1文を受ける形で，「これにより，京都議定書の

第5章 「悪魔は細部に宿る」:気候変動交渉の修辞学

締約国である附属書Ⅰ国は,京都議定書によって開始された排出削減をさらに強化する」とある。先進国のうち,京都議定書締約国(すなわち米国が除かれる)の緩和措置について京都議定書と関連づけた記述がされているわけである。この部分について,交渉過程では,ある途上国より,「京都議定書によって開始された("initiated by the Kyoto Protocol")」ではなく,「京都議定書の下で("under the Kyoto Protocol")」と変更すべきとのコメントがなされた。第1文とあわせて両案を比較すると以下のようになる。

(案1)

Annex I Parties commit to implement individually or jointly the quantified economy-wide emissions targets for 2020, to be submitted in the format given Appendix I by Annex I Parties to the secretariat by 31 January 2010 for compilation in an INF document.

Annex I Parties that are Party to the Kyoto Protocol will thereby further strengthen the emission reductions <u>initiated by</u> the Kyoto Protocol.

(案2)

Annex I Parties commit to implement individually or jointly the quantified economy-wide emissions targets for 2020, to be submitted in the format given Appendix I by Annex I Parties to the secretariat by 31 January 2010 for compilation in an INF document.

Annex I Parties that are Party to the Kyoto Protocol will thereby further strengthen the emission reductions <u>under</u> the Kyoto Protocol.

一見大した違いではない様に見えるかも知れないが,これは非常に大きな違いなのである。案1の"initiated by the Kyoto Protocol"の場合であれば,京都議定書第1約束期間終了後の2013年から2020年までの間,米国以外の先進国の排出削減が京都議定書の下でなされるかどうか,すなわち京都議定書「延長」か否かはオープンなままとなる。しかし,案2の"under the Kyoto Protocol"の

場合は，米国以外の先進国は2013年以降も京都議定書の下で排出削減目標を設定する，すなわち京都議定書「延長」を強く示唆するものとなる。これは日本として受け入れられない表現なのである。結局，ある先進国代表より，すかさず，案1を維持すべきと反論がなされて案1の表現のままとなった。

(2) 途上国の緩和行動

途上国の緩和行動を規定するパラ5は，もっと複雑である。途上国が実施する緩和行動の透明性をいかに確保するかがポイントであり，緩和行動に関する目標提出（第1文），自国内の測定・報告・検証（MRV）にかけること（第5文），国際的支援を受けた緩和行動について国際的MRVにかけること（第9文）については，比較的スムーズにまとまった。しかしながら，国際的支援を受けたか否かに限らず，途上国の緩和行動全体についていかに国際的なチェックを受ける形にするか（第6文）が，最後まで紛糾した。

パラ5の関連部分は以下のとおりである。第6文（下線部分）は，最終的に米中首脳まであがった末にまとめられた表現である。

Non-Annex I Parties to the Convention will implement mitigation actions, including those to be submitted to the secretariat by non-Annex I Parties in the format given in Appendix I by 31 January 2010, for compilation in an INF document, consistent with Article4.1 and Article4.7 and in the context of sustainable development.（第1文）

Mitigation actions taken by non-Annex I Parties will be subject to their domestic measurement, reporting and verification the result of which will be reported through their national communications every two years.（第5文）

<u>Non Annex I Parties will communicate information of their actions through National Communications, with provisions for international consultations and analysis under clearly defined guidelines that will ensure that national sovereignty is respected.</u>（第6文）

第5章 「悪魔は細部に宿る」：気候変動交渉の修辞学

<u>「非附属書Ⅰ国（途上国）は，各国の主権の尊重を確保する明確に定められた指針の下での国際的な協議及び分析に供するため，国別報告書を通じて自国の（緩和）行動の実施に関する情報を送付する。」</u>

These supported nationally appropriate mitigation actions will be subject to international measurement, reporting and verification in accordance with guidelines adopted by the Conference of the Parties. (第9文)

ここでいう国別報告というのは，国連気候変動枠組条約第4条，第12条に規定されているものであり，先進国，途上国の双方が，内容，頻度は異なるものの提出義務を負っているものである。したがって，途上国の立場からすれば，この既存の国別報告の制度の枠内で，提出する情報の内容を充実させることについてはさほど抵抗感はない。

問題は，それが「国際的な協議及び分析（international consultations and analysis)」というコペンハーゲン合意で新たに盛り込まれた概念にかけられるという点である。これが，各国の国内施策に他国から口を挟まれるのではないか，何らかの国際的義務につながるのではないかということで強く反応した。他方で先進国からすれば，自分たちの排出削減目標は，現行の枠組条約や京都議定書で国際的なチェックを受ける体制になっており，途上国が提出した情報を何ら国際的にチェックできないというのは著しくバランスを欠く。特に先進国と途上国の間のバランスの確保が議会から厳しく求められる米国は国際的チェックを入れる事に強いこだわりをもっていた。

そして長時間にわたる協議の結果が with provisions 以下のフレーズである。「国際的な協議及び分析」の指針は今後の交渉に委ねられる形になっており，さらに「各国の主権の尊重を確保」といった，何とも重々しい字句まで出てくる。米国と中国をはじめとする新興国の妥協の産物である。結局，この「国際的な協議及び分

析」については，COP16 から COP17 にかけての交渉を経て，ダーバン合意で一定の手順がまとめられた。

❷ COP16：カンクン合意ハイライト

COP16 では，前述のコペンハーゲン合意に基づいて先進国，途上国がそれぞれ条約事務局に提出した排出削減目標，緩和行動の数値目標をいかに扱うかが，京都議定書「延長」問題とからんで，最大の焦点となった。

前述の通り，コペンハーゲン合意パラ 4，パラ 5 は，先進国，途上国に対して，排出削減目標ないし緩和行動を 2010 年 1 月 31 日までに条約事務局に提出することを求めている。日本は，2010 年 1 月 26 日の地球温暖化問題に関する閣僚委員会での了承を受けて，「前提条件付きマイナス 25 ％」目標を提出した。米国，EU，中国，インド等もそれぞれ提出している（中国，インドなどは期限を過ぎて提出）。先進国の目標は Appendix I に，途上国の目標は Appendix II にそれぞれリストアップされた。ただし，コペンハーゲン合意自体は，COP との関係ではあくまで「留意」された文書に過ぎないため，それに基づいて提出された数値目標もそのままでは中途半端である。枠組条約や京都議定書でどのように扱われるかも良く分からない。COP16 では，これらの目標を国連の正式な成果文書に固定（anchor）することが，将来枠組みにつながるステップとして重要視された。

(1) COP 決定と CMP 決定

まず，そもそも，国連の正式な成果文書とは何かを改めて確認し

第5章 「悪魔は細部に宿る」：気候変動交渉の修辞学

ておく必要がある。我々が通常COPといっている会議では，厳密には2つの会議が行われている。1つは国連気候変動枠組条約締約国会議 (Conference of the Parties) である。これは1995年以来毎年開かれており，カンクンは第16回になるのでCOP16とよばれる。そこでの成果文書は「COP決定」とよばれる。その一方で，この締約国会議の際には，京都議定書締約国会合 (Meeting of the Parties) も開催される。通常，Conference of the Parties を「締約国会議」と訳されるのに対し，Meeting of the Parties は「締約国会合」と訳される。後者には，京都議定書に入らなかった米国は含まれない（議決権の無いオブザーバーとして参加する事は認められる）。京都議定書締約国会合は略して「CMP」，その成果文書は「CMP決定」とよばれる（CMPと呼ばれるのは，京都議定書締約国会合が国連気候変動枠組条約締約国会議とあわせて開催され，京都議定書上でも「締約国会合として開催される締約国会議 (Conference of the Parties serving as the Meeting of the Parties)」と記されていることによる）。CMPは2005年から毎年開かれているので，カンクンでは第6回目，CMP6となる。したがって，厳密にはカンクンで開かれたのはCOP16及びCMP6であり，「カンクン合意 (the Cancun Agreements)」なる成果文書は，COP16でのCOP決定文書とCMP6でのCMP決定文書の集合体をさす。

カンクンでは，AppendixⅠとⅡにリストアップされた先進国の排出削減目標及び途上国の緩和行動を，COP決定文書とCMP決定文書のいずれか，又は両方において，どのような表現で位置づけるか。これが，カンクンでの交渉の最大の焦点となった。

2つの目標を2つの文書（COP決定，CMP決定）にいかに固定するかは，様々な組み合わせがあり得たが，結局，COP決定に2つの目標（先進国目標と途上国目標）を，CMP決定に1つの目標（先進国目標のみ）を固定することになった。**図表5-1**のとおりである。

150

2　COP16：カンクン合意ハイライト

図表 5-1

COP 決定／CMP 決定と先進国目標／途上国目標	
	COP 決定	CMP 決定
先進国目標 （Appendix I）	○	○
途上国目標 （Appendix II）	○	−

先進国がCOP決定に重点を置いて，全ての主要国が入る包括的枠組みにつながることを目指していたのに対し，途上国はCMP決定に重点をおいて，京都議定書「延長」につなげようと目論んでいた。両者の妥協の産物である。

(2) 各国の目標の固定（anchor）

次に，これらの目標をCOP決定及びCMP決定の中で，どのような表現で固定するかという問題がある。これについては，様々な可能性があり得た。

第1の選択肢は，法的拘束力ある枠組みに直接つながるやり方である。すなわち，各国の排出削減目標ないし緩和行動を取り込んだ，枠組条約の改正案または京都議定書の改正案をCOP（京都議定書改正の場合はCMP）で採択するのを決定（decides to adopt）し，締約国の国内批准のプロセスにつなげることである。実際，多くの途上国の最大の主張は，（自らの緩和行動を法的義務とする事は脇に置いて）先進国の排出削減目標を法的義務とするため，京都議定書改正案（各国の数値目標をリストアップしている附属書Bを改正）の採択を決定することであった。この場合，京都議定書締約国でない米国の扱いが問題となるが，「他の先進国と同等の法的義務を負うべき」との一般論以上の具体案はなかった。

第2の選択肢が，COP及びCMPとしての意思決定として，こ

うした各国の排出削減目標や緩和行動を実施していく旨を宣言するやり方である。「締約国は〜を実施する事を決定する（decides that parties will implement 〜）」といったふうにである。実現には至らなかったが、前年のCOP15の最終段階で想定された、コペンハーゲン合意の内容全体を政治的に拘束力のあるもの（politically binding）とするためにCOP決定とする方法は、この選択肢に相当する。また、「政治的第2約束期間（political 2nd commitment period）」とよばれる、CMP決定の形で京都議定書締約国による第2約束期間設定の意思を示すやりかたもこれに当たる。こうしたCOP決定（ないしCMP決定）自体は、直ちに法的意味を持つものではない。しかし、気候変動交渉は継続的なプロセスであり、ある年のCOPでこうした決定がなされれば、次の年は、さらにそれを一歩進めようという話になる。将来の交渉の方向性を左右する事になるため、いかなるCOP決定（ないしCMP決定）の表現にするかが重要だったのである。

　様々な議論があったが、結局、これらは、COP決定で先進国及び途上国の目標、CMP決定で先進国（含む米国）の目標を「留意する（takes note of）」という表現にとどまることになった。前述の第2の選択肢のなかでも最も弱い表現になったわけである。COP決定・CMP決定文書では、さまざまな表現があり得るが、最も強いのは「〜を決定する（decides）」という表現である。この他、内容に応じて「要請する（calls upon）」「求める（requests）」といった表現も使われる。これらに比べると、「留意する（takes note of）」というのはかなり弱い表現である。先進国が志向する将来枠組みと、途上国が求める京都議定書「延長」のバランスについて折り合いがつかず、今後の方向性を極力予断しないような表現が選ばれたのである。

　最終的な文案は以下の通りとなった（**資料5-1**は、最終日2日前

の12月8日午後以降より日本を含む少数の関心国会合で断続的に議論され，12月9日から更に日付が変わった最終日の10日午前3時頃に合意されたままの文書である。COP決定案とCMP決定を並べて両者のバランスをとりながら激しい議論がなされていたことがよく分かる。）。

(COP決定)

Takes note of quantified economy-wide emission reduction targets to be implemented by Parties included in Annex1 to the Convention as communicated by them and contained in document FCCC/SB/2010/INF.X（文書X）

Takes note of nationally appropriate mitigation actions to be implemented by non-Annex1 Parties as communicated by them and contained in document FCCC/AWGLCA/2010/INF.Y（文書Y）

(CMP決定)

Takes note of quantified economy-wide emission reduction targets to be implemented by Parties included in Annex1 to the Convention as communicated by them and contained in document FCCC/SB/2010/INF.X（文書X）

ここでいう，文書X，Yは，コペンハーゲン合意におけるAppendix I, IIを指す。先進国の排出削減目標，途上国の緩和行動が国連の正式な文書になったわけである。文書Xには日本，欧州，米国を含む先進国の排出削減目標が含まれているが，京都議定書の締約国でない米国の目標が，COP決定だけでなく，CMP決定でもtake noteされているのは，厳密には実はおかしい。しかし，あえてそうなっているのである。協議の過程でもCMP決定では，米国の目標を除くような提案が（米国以外の国から）でた時もある。しかし，米国抜きの先進国の数字がCMP決定でtake noteされると，それは京都議定書「延長」の方向性を予断することになる。我が国を含むいくつかの国がそうした主張をし，その結果，COP決定とCMP

第 5 章 「悪魔は細部に宿る」：気候変動交渉の修辞学

決定で take note される文書 X が寸分違わぬ形になったのである。

この考えは，文書 X，Y の文書形式にも現れている。文書 X，Y における FCCC とは国連気候変動枠組条約（Framework Convention of Climate Change），SB とは条約で規定されている常設機関である補助機関（Subsidiary Body），AWGLCA は COP13 で設置され，将来枠組みについて議論してきた条約作業部会（Ad-hoc Working Group on Long-term Cooperative Action）を指している。本来なら，これまでの交渉経緯からすれば，CMP 決定で take note する文書は，議定書作業部会（Ad-hoc Working Group on Kyoto Protocol）を示す AWGKP の記号が付されてもおかしくなかった。事実，米国の数字を抜いた形でそのような文書を作るという案もあった。しかしながら，前述の理由で米国を特別扱いにするわけにはいかなかった。このため，日本等の主張もあり，枠組条約の常設機関である SB の記号を付した同一の文書を COP 決定，CMP 決定の両方で take note する形に収まったのである。

さらに，これに加えて，日本の数値目標が 1 人歩きして，米中の入らない京都議定書「延長」に使われることのないよう，二つの手当をした。米国も入っているとはいえ，前述の CMP 決定で take note される文書 X には日本の数値目標（「前提条件付きマイナス 25％」）も含まれているからである。

1 つが，CMP 決定の脚注である。京都議定書「延長」，すなわち第 2 約束期間に数値目標を入れるには，当該国の書面の同意なしに勝手に盛り込まれることはない旨の京都議定書第 21 条 7 に明記されている権利を脚注に記載した。表現は以下の通りである。

The content of the table in this information document is shown without prejudice to the position of the Parties or to the right of Parties under Article21, paragraph7 of the Kyoto Protocol.

もう 1 つは，日本の立場を内外に明らかにした書簡の発出である。

2 COP16：カンクン合意ハイライト

上述のとおり，成果文書上は，COP決定とCMP決定の両方に日本の数値目標はtake noteされている。しかしながら，あくまで日本の数値目標は米中はじめ主要排出国の数値目標があるCOP決定においてのみ意味があるのであり，京都議定書のCMP決定では意味をなさない。すなわち京都議定書「延長」に用いられることはあり得ない。そのような趣旨を明記した，現地代表団の坂場三男COP16担当大使名の書簡をフィゲレス条約事務局長宛に提出して，内外に公表した（**資料5-2**）。これは，京都議定書「延長」反対で同様の立場をとるロシアと足並みを合わせたものであり，その主要部分は以下のとおりである。

The Government of Japan would like to make it abundantly clear that it has no intention to be under obligation of the second commitment period of the Kyoto Protocol after 2012. The target submitted by Japan in accordance with the Copenhagen Accord is only relevant in the negotiation of AWG-LCA not in the AWG-KP.

事務レベルの書簡となっているのは，文書内容が技術的なものであることや，宛先の条約事務局長が実務レベルであることによる。しかし，これは代表団長である松本環境大臣まで了承を得て発出した日本政府代表団の公式な書簡である。

一連の対応により，日本政府代表団は，京都議定書「延長」には賛同しないとの自らの立場を堅持しつつ，同時にカンクン合意の成立のため最大限の貢献を行ったのである。

第5章 「悪魔は細部に宿る」：気候変動交渉の修辞学

資料5-1　カンクン合意（関連部分抜粋）

Evening language 9 December 02.53am

COP

Agrees that the AWG LCA shall aim to complete its work on an agreed outcome under the Bali Action Plan and have its results adopted by the COP as early as possible.

1bi: Takes note of quantified economy wide emission reduction targets to be implemented by Annex I Parties as communicated by them and contained in document FCCC/SB/2010.INF X;

1b2: Takes not of nationally appropriate mitigation actions to be implemented by non-Annex I Parties as communicated and contained in document FCCC/LCA/AWG/2010/INF Y;*

*Parties communications to the Secretariat that are included in the INF document are considered communications under the Convention.

CMP

Agrees that the AWG KP shall aim to complete its work and have its results adopted by the CMP of the KP as early as possible and in time to ensure that there is no gap between the first and second commitment periods.

Takes note of quantified economy wide emission reduction targets to be implemented by Annex I Parties as communicated by them and contained in document FCCC/SB/2010/INF X;*

Agrees that further work is needed to translate emission reduction targets to quantified economy wide limitation or reduction commitments.

*The content of the table in this INF document are shown without prejudice to the position of the Parties nor the right of Parties under article 21, paragraph 7 of the KP

資料 5-2
2012年12月10日付坂場COP担当大使発フィゲレス条約事務局長宛書簡

Ministry of Foreign Affairs
Tokyo, Japan

10 December, 2010

Mrs. Cristiana Figueres
Executive Secretary of the UNFCCC

Dear Mrs. Figueres,

Japan confirms its readiness to achieve its target for emission reduction of GHG in 2020 in accordance with the Copenhagen Accord.

The submission of the target, dated 26th of January 2010, is premised on a new, fair and effective international framework.

The Government of Japan would like to make it abundantly clear that it does not have any intention to be under obligation of the second commitment period of the Kyoto Protocol after 2012. The target submitted by Japan in accordance with the Copenhagen Accord is only relevant in the negotiation of AWG-LCA not in the AWG-KP.

Sincerely yours,

Mitsuo Sakaba
Ambassador for
COP16 of the UNFCCC

第5章 「悪魔は細部に宿る」：気候変動交渉の修辞学

❸ COP17：ダーバン合意ハイライト

第3章で触れたとおり，COP17でも焦点は，法的枠組みを巡る議論であった。すなわち，ダーバン合意（the Durban Agreements）を構成する4つの成果文書のうち，
　① 将来枠組み（ダーバン・プラットフォーム）の構築に関するCOP決定
　② 京都議定書の第2約束期間設定に向けたCMP決定
の2つが相互に関連した形で議論された。

(1) 将来枠組みの設定に向けたプロセス

まず，将来枠組みについては，協議の場，タイムスケジュール，法的性格などが，主要論点となり，第3章で紹介したように断続的な協議が行われた。

その結果，全ての締約国に適用される（applicable to all Parties）将来枠組みの策定のプロセスを立ち上げる事，そのための新たな特別作業部会（ダーバン・プラットフォーム）を設立する事，将来枠組みは遅くとも2015年まで（no later than 2015）に決めてCOP21で採択し，2020年から（from 2020）実施する事，などが決定された。成果文書の第2パラグラフと第4パラグラフが根幹部分である（**資料5-3**）。

(パラ2)

Also decides to launch a process to develop <u>a protocol, another legal instrument or an agreed outcome with legal force</u> under the United Nations Framework Convention on Climate Change applicable to all Parties, through a subsidiary body under the Convention hereby established and to be known as the Ad Hoc Working Group on the

3 COP17：ダーバン合意ハイライト

Durban Platform for Enhanced Action

（パラ4）

Decides that the Ad Hoc Working Group on the Durban Platform for Enhanced Action shall complete its work as early as possible but no later than 2015 in order to adopt this protocol, another legal instrument or an agreed outcome with legal force at the twenty-first session of the Conference of the Parties and for it to come into effect and be implemented from 2020.

最後まで紛糾したのが，将来枠組みの法的性格に関する表現（パラ2下線部分）である。この箇所は，議長国南アフリカより示され，ウェブでも公表された1次案では legal framework とのみ記されていた。様々な形式を読み込みうる幅広い表現である。

これに対し，表現が弱すぎるとの意見が，EUや小島嶼国等より出され，2次案では a protocol or another legal instrument となった。将来枠組の法的性格として2つのオプションを列挙したものである。ちなみに，この表現は，1995年のCOP1で採択された，京都議定書につながる法的枠組の策定プロセスを立ち上げた「ベルリン・マンデート」と同様の表現である。ただし，「ベルリン・マンデート」では先進国のみ対象としていたのに対し，今回は全ての締約国に適用されるとされている点が異なる。

これに対して，さらに，インドがより幅広い可能性を確保すべきことを主張し，3つ目のオプションとして legal outcome が追加された。しかしながら，この3つ目のオプションを巡り，表現が緩すぎると懸念を示すEUと，これに反発するインドとの間で紛糾することとなった。

結局，最終段階において，会場内で各国交渉官が鳩首協議した結果，3つ目のオプションの表現が agreed outcome with legal force に改められた。一連の交渉過程における表現の変遷を整理すると，

以下のようになる。

　　legal framework
　→ a protocol or another legal instrument
　→ a protocol, another legal instrument or legal outcome
　→ a protocol, another legal instrument or an agreed outcome with legal force

この agreed outcome という表現は，2007年のCOP13で策定された「バリ行動計画」で，その当時将来枠組みの策定が期待された新たな作業部会（AWG-LCA）を設置した際に，目標となる最終成果文書の法的性格を表現したものである。agreed outcome の後に legal force がついたのが，バリとダーバンの違いだが，それが何を意味するか共通認識があるわけではない。玉虫色の結着である。

(2) 京都議定書「延長」に向けた合意

次に，京都議定書「延長」問題の扱いである。

COP17での結果について，多くの報道では「京都議定書『延長』決定」と報じられているが，厳密には京都議定書「延長」（第2約束期間設定）に「向けた」決定であって，「延長」そのものが決まった訳ではない。一歩手前のものである。京都議定書「延長」のためには，先進国の第2約束期間における数値目標（QELRO：Quantified Emissions Limitation or Reduction Objectives）が記入された附属書B改正を含む議定書改正案について，CMPで採択の決定がなされ，その後に各国の批准に付され，最終的に発効する必要がある。今回のCMP決定は，批准可能な（ratifiable）議定書改正案そのものではなく，それに至るまでの手続きが決定されたにとどまる（**資料5-4**）。第5パラグラフでは，先進国がコペンハーゲン合意，カンクン合意にしたがって提出した排出削減目標を，京都議定書用の数値目標（QELRO）に転換（convert）し，その情報を2012年5月1

3 COP17：ダーバン合意ハイライト

日までに提出する事が要請（invite）されている。また，別表で各国の様々な数値目標（第1約束期間目標，各国提出の排出削減目標）や第2約束期間目標の項目（この時点では各国とも空欄）がリストアップされている。

この別表では，日本はロシア，カナダとともに第1約束期間目標以外の項目は網かけがなされており，別枠扱いとなっている。さらに，脚注で，日本が京都議定書の第2約束期間で義務を負う意思を有していない旨を伝達した事実が以下のとおり明記されている。

In a communication dated 10 December 2010, Japan indicated that it does not have any intention to be under obligation of the second commitment period of the Kyoto Protocol after 2012.

これは，前述のCOP16最終日に提出した坂場大使名による事務局長宛書簡を指している。COP16での対応が，COP17の協議のベースになっているあらわれである。

さらに，COP16の際と同様，日本の立場を確認する書簡を，COP17日本政府代表団の堀江正彦地球環境問題担当大使名によりフィゲレス事務局長宛に発出した（**資料5-5**）。同書簡では昨年の坂場大使書簡を引用しつつ，京都議定書第2約束期間に入らないとの日本の立場に変更はないこと，したがって，京都議定書用の数値目標に関する情報提出を要請する第5パラグラフの規定についても，日本には適用されないとの理解である旨を明言している。

以上から，今回のダーバンでの合意では，日本として他国が「延長」に応じることを容認するものの，日本自身が入らないとの立場もきちんと確保した。前年からの交渉経緯を踏まえつつ，ギリギリの折衝を行った結果である。

第5章 「悪魔は細部に宿る」：気候変動交渉の修辞学

資料5-3 ダーバン合意（将来枠組み設定関連）

FCCC/CP/2011/9/Add.1

Decision 1/CP.17

Establishment of an Ad Hoc Working Group on the Durban Platform for Enhanced Action

The Conference of the Parties,

Recognizing that climate change represents an urgent and potentially irreversible threat to human societies and the planet and thus requires to be urgently addressed by all Parties, and acknowledging that the global nature of climate change calls for the widest possible cooperation by all countries and their participation in an effective and appropriate international response, with a view to accelerating the reduction of global greenhouse gas emissions,

Noting with grave concern the significant gap between the aggregate effect of Parties' mitigation pledges in terms of global annual emissions of greenhouse gases by 2020 and aggregate emission pathways consistent with having a likely chance of holding the increase in global average temperature below 2 °C or 1.5 °C above pre-industrial levels,

Recognizing that fulfilling the ultimate objective of the Convention will require strengthening of the multilateral, rules-based regime under the Convention,

Noting decision 1/CMP.7,

Also noting decision 2/CP.17,

1. *Decides* to extend the Ad Hoc Working Group on Long-term Cooperative Action under the Convention for one year in order for it to continue its work and reach the agreed outcome pursuant to decision 1/CP.13 (Bali Action Plan) through decisions adopted by the sixteenth, seventeenth and eighteenth sessions of the Conference of the Parties, at which time the Ad Hoc Working Group on Long-term Cooperative Action under the Convention shall be terminated;

2. *Also decides* to launch a process to develop a <u>protocol, another legal instrument or an agreed outcome with legal force</u> under the Convention applicable to all Parties, through a subsidiary body under the Convention hereby established and to be known as the Ad Hoc Working Group on the Durban Platform for Enhanced Action; 〉パラ2

3. *Further decides* that the Ad Hoc Working Group on the Durban Platform for Enhanced Action shall start its work as a matter of urgency in the first half of 2012 and shall report to future sessions of the Conference of the Parties on the progress of its work;

4. *Decides* that the Ad Hoc Working Group on the Durban Platform for Enhanced Action shall complete its work as early as possible but no later than 2015 in order to adopt this protocol, another legal instrument or an agreed outcome with legal force at the twenty-first session of the Conference of the Parties and for it to come into effect and be implemented from 2020; 〉パラ4

5. *Also decides* that the Ad Hoc Working Group on the Durban Platform for Enhanced Action shall plan its work in the first half of 2012, including, inter alia, on mitigation, adaptation, finance, technology development and transfer, transparency of action and support, and capacity-building, drawing upon submissions from Parties and relevant technical, social and economic information and expertise;

3 COP17：ダーバン合意ハイライト

FCCC/CP/2011/9/Add.1

6. *Further decides* that the process shall raise the level of ambition and shall be informed, inter alia, by the Fifth Assessment Report of the Intergovernmental Panel on Climate Change, the outcomes of the 2013–2015 review and the work of the subsidiary bodies;

7. *Decides* to launch a workplan on enhancing mitigation ambition to identify and to explore options for a range of actions that can close the ambition gap with a view to ensuring the highest possible mitigation efforts by all Parties;

8. *Requests* Parties and observer organizations to submit by 28 February 2012 their views on options and ways for further increasing the level of ambition and decides to hold an in-session workshop at the first negotiating session in 2012 to consider options and ways for increasing ambition and possible further actions.

10th plenary meeting
11 December 2011

第5章 「悪魔は細部に宿る」：気候変動交渉の修辞学

資料 5-4　ダーバン合意（京都議定書「延長」関連）

FCCC/KP/CMP/2011/10/Add.1

Decision 1/CMP.7

Outcome of the work of the Ad Hoc Working Group on Further Commitments for Annex I Parties under the Kyoto Protocol at its sixteenth session

The Conference of the Parties serving as the meeting of the Parties to the Kyoto Protocol,

Recalling Article 3, paragraph 9, of the Kyoto Protocol,

Also recalling Article 20, paragraph 2, and Article 21, paragraph 7, of the Kyoto Protocol,

Further recalling decisions 1/CMP.1, 1/CMP.5 and 1/CMP.6,

Noting with appreciation the work of the Ad Hoc Working Group on Further Commitments for Annex I Parties under the Kyoto Protocol,

Noting also the importance of developing a comprehensive global response to the problem of climate change,

Recognizing the importance of ensuring the environmental integrity of the Kyoto Protocol,

Cognizant of decision 2/CP.17,

Emphasizing the role of the Kyoto Protocol in the mitigation effort by Parties included in Annex I, the importance of ensuring continuity in mitigation action by those Parties and the need to begin the second commitment period of the Kyoto Protocol without delay,

Aiming to ensure that aggregate emissions of greenhouse gases by Parties included in Annex I are reduced by at least 25–40 per cent below 1990 levels by 2020, noting in this regard the relevance of the review referred to in chapter V of decision 1/CP.16 to be concluded by 2015,

Taking note of the outcomes of the technical assessment of forest management reference levels referred to in decision 2/CMP.6, paragraph 5,

1. *Decides* that the second commitment period under the Kyoto Protocol shall begin on 1 January 2013 and end either on 31 December 2017 or 31 December 2020, to be decided by the Ad Hoc Working Group on Further Commitments for Annex I Parties under the Kyoto Protocol at its seventeenth session;

2. *Welcomes* the agreement achieved by the Ad Hoc Working Group on Further Commitments for Annex I Parties under the Kyoto Protocol on its work pursuant to decisions 1/CMP.1, 1/CMP.5 and 1/CMP.6 in the areas of land use, land-use change and forestry (decision 2/CMP.7), emissions trading and the project-based mechanisms (decision 3/CMP.7), greenhouse gases, sectors and source categories, common metrics to calculate the carbon dioxide equivalent of anthropogenic emissions by sources and removals by sinks, and other methodological issues (decision 4/CMP.7), and the consideration of information on potential environmental, economic and social consequences, including spillover effects, of tools, policies, measures and methodologies available to Annex I Parties (decision 5/CMP.7);

3. *Takes note* of the proposed amendments to the Kyoto Protocol developed by the Ad Hoc Working Group on Further Commitments for Annex I Parties under the Kyoto Protocol as contained in annexes 1, 2 and 3 to this decision;

3 COP17：ダーバン合意ハイライト

FCCC/KP/CMP/2011/10/Add.1

4.　*Also takes note* of the quantified economy-wide emission reduction targets to be implemented by Parties included in Annex I as communicated by them and presented in annex 1 to this decision and of the intention of these Parties to convert these targets to quantified emission limitation or reduction objectives (QELROs) for the second commitment period under the Kyoto Protocol;

5.　*Invites* Parties included in Annex I listed in annex 1 to this decision to submit information on their QELROs for the second commitment period under the Kyoto Protocol by 1 May 2012 for consideration by the Ad Hoc Working Group on Further Commitments for Annex I Parties under the Kyoto Protocol at its seventeenth session; ｝パラ5

6.　*Requests* the Ad Hoc Working Group on Further Commitments for Annex I Parties under the Kyoto Protocol to deliver the results of its work on QELROs to the Conference of the Parties serving as the meeting of the Parties to the Kyoto Protocol at its eighth session with a view to the Conference of the Parties serving as the meeting of the Parties to the Kyoto Protocol adopting these QELROs as amendments to Annex B of the Kyoto Protocol at that session, while ensuring coherence with the implementation of decision 2/CP.17;

7.　*Also requests* the Ad Hoc Working Group on Further Commitments for Annex I Parties under the Kyoto Protocol to assess the implications of the carry-over of assigned amount units to the second commitment period on the scale of emission reductions to be achieved by Parties included in Annex I in aggregate for the second commitment period with a view to completing this work at its seventeenth session;

8.　*Further requests* the Ad Hoc Working Group on Further Commitments for Annex I Parties under the Kyoto Protocol to recommend appropriate actions to be taken to address the implications referred to in paragraph 7 above and to forward these recommendations in time for consideration by the Conference of the Parties serving as the meeting of the Parties to the Kyoto Protocol at its eighth session;

9.　*Requests* the Subsidiary Body for Scientific and Technological Advice to assess and address the implications of the implementation of decisions 2/CMP.7 to 5/CMP.7 referred to in paragraph 2 above on the previous decisions on methodological issues related to the Kyoto Protocol adopted by Conference of the Parties serving as the meeting of the Parties to the Kyoto Protocol including those relating to Articles 5, 7 and 8 of the Kyoto Protocol, with a view to preparing relevant draft decisions for consideration and adoption by the Conference of the Parties serving as the meeting of the Parties to the Kyoto Protocol at its eighth session, and noting that some issues may need to be addressed at subsequent sessions of the Conference of the Parties serving as the meeting of the Parties to the Kyoto Protocol;

10.　*Requests* the Ad Hoc Working Group on Further Commitments for Annex I Parties under the Kyoto Protocol to aim to deliver the results of its work pursuant to decision 1/CMP.1 in time to complete its work by the eighth session of the Conference of the Parties serving as the meeting of the Parties to the Kyoto Protocol.

第5章 「悪魔は細部に宿る」：気候変動交渉の修辞学

FCCC/KP/CMP/2011/10/Add.1

Annex 1

Proposed amendments to Annex B to the Kyoto Protocol

The following table shall replace the table in Annex B to the Protocol:

Annex B

1	2	3	4	5	6
Party	Quantified emission limitation or reduction commitment (2008–2012) (percentage of base year or period)	Quantified emission limitation or reduction commitment (2013–[2017] [2020]) (percentage of base year or period)	Reference year[1]	Quantified emission limitation or reduction commitment (2013–[2017] [2020]) (expressed as percentage of reference year)[1]	Pledges for the reduction of greenhouse gas emissions by 2020 (percentage of reference year)[2]
Australia[a]	108				
Austria	92	b	NA	NA	
Belarus[c]			1990		−5% to −10%
Belgium	92	b	NA	NA	
Bulgaria[*]	92	b	NA	NA	
Croatia[*]	95	d	1990		−5%
Cyprus[e]		b	NA	NA	
Czech Republic[*]	92	b	NA	NA	
Denmark	92	b	NA	NA	
Estonia[*]	92	b	NA	NA	
European Union[f, g]	92	b	NA	NA	−20% / −30%[h]
Finland	92	b	NA	NA	
France	92	b	NA	NA	
Germany	92	b	NA	NA	
Greece	92	b	NA	NA	
Hungary[*]	94	b	NA	NA	
Iceland	110	i	1990		−15% / −30%
Ireland	92	b	NA	NA	
Italy	92	b	NA	NA	
Kazakhstan[*]			1992		−15%
Latvia[*]	92	b	NA	NA	
Liechtenstein	92		1990		−20% / −30%
Lithuania[*]	92	b	NA	NA	
Luxembourg	92	b	NA	NA	

---

[1] A reference year may be used by a Party on an optional basis for its own purposes to express its QELRO as a percentage of emissions of that year, that is not internationally binding under the Kyoto Protocol, in addition to the listing of its QELRO in relation to the base year in the second and third columns of this table, which are internationally legally binding.

[2] Further information on these pledges can be found in document FCCC/SB/2011/INF.1/Rev.1.

3 COP17：ダーバン合意ハイライト

FCCC/KP/CMP/2011/10/Add.1

1	2	3	4	5	6
Party	Quantified emission limitation or reduction commitment (2008–2012) (percentage of base year or period)	Quantified emission limitation or reduction commitment (2013–[2017] [2020]) (percentage of base year or period)	Reference year[1]	Quantified emission limitation or reduction commitment (2013–[2017] [2020]) (expressed as percentage of reference year)[1]	Pledges for the reduction of greenhouse gas emissions by 2020 (percentage of reference year)[2]
Malta[k]		b	NA	NA	
Monaco	92		1990		−30%
Netherlands	92	b	NA	NA	
New Zealand[f]	100				
Norway	101		1990		−30% to −40%[m]
Poland[*]	94	b	NA	NA	
Portugal	92	b	NA	NA	
Romania[*]	92	b	NA	NA	
Slovakia[*]	92	b	NA	NA	
Slovenia[*]	92	b	NA	NA	
Spain	92	b	NA	NA	
Sweden	92	b	NA	NA	
Switzerland	92		1990		−20% to −30%[n]
Ukraine[*]	100		1990		−20%
United Kingdom of Great Britain and Northern Ireland	92	b	NA	NA	
United States of America[o]					

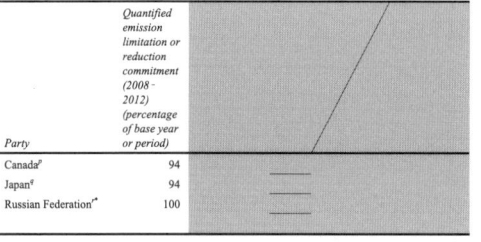

日本、カナダ、ロシアは別扱い

Party	Quantified emission limitation or reduction commitment (2008–2012) (percentage of base year or period)
Canada[p]	94
Japan[g]	94
Russian Federation[*]	100

Abbreviation: NA = not applicable.
[*] Countries that are undergoing the process of transition to a market economy.

167

第 5 章 「悪魔は細部に宿る」：気候変動交渉の修辞学

FCCC/KP/CMP/2011/10/Add.1

Notes:

[a] *Australia is prepared to consider submitting information on its QELRO pursuant to decision 1/CMP.7, paragraph 5, following the necessary domestic processes and taking into account the decision on mitigation (2/CP.17), the 'indaba'/mandate outcome decision (1/CP.17) and decisions 2/CMP.7 (land use, land-use change and forestry), 3/CMP.7 (emissions trading and the project-based mechanisms), 4/CMP.7 (greenhouse gases, sectors and source categories, common metrics to calculate the carbon dioxide equivalence of anthropogenic emissions by sources and removals by sinks, and other methodological issues and 5/CMP.7 (consideration of information on potential environmental, economic and social consequences, including spillover effects, of tools, policies, measures and methodologies available to Annex I Parties).*

[b] *The QELROs for the European Union and its member States for a second commitment period under the Kyoto Protocol are based on the understanding that these will be fulfilled jointly with the European Union and its member States, in accordance with Article 4 of the Kyoto Protocol.*

[c] *Added to Annex B by an amendment adopted pursuant to decision 10/CMP.2. This amendment has not yet entered into force.*

[d] *Croatia's QELRO for a second commitment period under the Kyoto Protocol is based on the understanding that it will fulfil this QELRO jointly with the European Union and its member States, in accordance with Article 4 of the Kyoto Protocol. As a consequence, Croatia's accession to the European Union shall not affect its participation in such joint fulfilment agreement pursuant to Article 4 or its QELRO.*

[e] *At its seventeenth session, the Conference of the Parties decided to amend Annex I to the Convention by including the name of Cyprus (decision 10/CP.17). The amendment will enter into force on 1 January 2013 or a later date.*

[f] *Upon deposit of its instrument of approval to the Kyoto Protocol on 31 May 2002, the European Community had 15 member States.*

[g] *Upon deposit of its instrument of acceptance of the amendment to Annex B to the Kyoto Protocol on [date], the European Union had 27 member States.*

[h] *As part of a global and comprehensive agreement for the period beyond 2012, the European Union reiterates its conditional offer to move to a 30 per cent reduction by 2020 compared to 1990 levels, provided that other developed countries commit themselves to comparable emission reductions and developing countries contribute adequately according to their responsibilities and respective capabilities.*

[i] *Iceland's QELRO for a second commitment period under the Kyoto Protocol is based on the understanding that it will fulfil this QELRO jointly with the European Union and its member States, in accordance with Article 4 of the Kyoto Protocol. As a consequence, future accession by Iceland to the European Union shall not affect its participation in such joint fulfilment agreement pursuant to Article 4 or its QELRO.*

[j] *Kazakhstan has submitted a proposal to amend the Kyoto Protocol to include its name in Annex B with a quantified emission limitation and reduction commitment of 100 per cent for the first commitment period. This proposal is contained in document FCCC/KP/CMP/2010/4.*

[k] *At its fifteenth session, the Conference of the Parties decided to amend Annex I to the Convention by including the name of Malta (decision 3/CP.15). The amendment entered into force on 26 October 2010.*

[l] *New Zealand is prepared to consider submitting information on its QELRO, pursuant to decision 1/CMP.7, paragraph 5, following the necessary domestic processes and taking into account the decision on mitigation (2/CP.17), the 'indaba'/mandate outcome decision (1/CP.17) and decisions 2/CMP.7 (land use, land-use change and forestry), 3/CMP.7 (emissions trading and the project-based mechanisms), 4/CMP.7 (greenhouse gases, sectors and source categories, common metrics to calculate the carbon dioxide equivalence of anthropogenic emissions by sources and removals by sinks, and other methodological issues and 5/CMP.7 (consideration of information on potential environmental, economic and social consequences, including spillover effects, of tools, policies, measures and methodologies available to Annex I Parties).*

[m] *As part of a global and comprehensive agreement for the period beyond 2012 where major emitting Parties agree on emission reductions in line with the 2 °C target, Norway will move to a level of 40 per cent reduction for 2020 based on 1990 levels.*

[n] *Switzerland would consider a higher reduction target of 30 per cent by 2020 compared to 1990 levels under the condition that other developed countries commit themselves to comparable emission reductions and that economically more advanced developing countries contribute adequately according to their responsibilities and respective capabilities.*

3 COP17：ダーバン合意ハイライト

FCCC/KP/CMP/2011/10/Add.1

o Countries that have not ratified the Kyoto Protocol.
p On 8 June 2011, Canada indicated that it does not intend to participate in a second commitment period of the Kyoto Protocol.
q In a communication dated 10 December 2010, Japan indicated that it does not have any intention to be under obligation of the second commitment period of the Kyoto Protocol after 2012.
r In a communication dated 8 December 2010 that was received by the secretariat on 9 December 2010, the Russian Federation indicated that it does not intend to assume a quantitative emission limitation or reduction commitment for the second commitment period.

> COP16の際に提出した坂場大使書簡を指す。

第 5 章 「悪魔は細部に宿る」: 気候変動交渉の修辞学

資料 5-5　2011 年 12 月 22 日付堀江地球環境問題担当大使発フィゲレス条約事務局長宛書簡

Ministry of Foreign Affairs
Tokyo, Japan

Ms. Christiana Figueres
Executive Secretary of the UNFCCC

Dear Ms. Figueres,

　　The Government of Japan would like to refer to the letter dated 10 December 2010 from my predecessor Ambassador Mitsuo Sakaba to you Madam Executive Secretary, and would like to confirm that there is no change of Japan's position regarding the second commitment period of the Kyoto Protocol after 2012.

　　The target submitted by Japan in accordance with Copenhagen Accord, and taken note of in the Cancun Agreements is premised on its ultimate goal, namely, the establishment of a new, fair and effective international framework, in which all countries participate and on the agreement of their ambitious targets, and is relevant only in the context of the future comprehensive framework.

　　The Annex 1 to the decision of CMP.7 "Outcome of the work of the Ad Hoc Working Group on Further Commitments for Annex I Parties under the Kyoto Protocol at its sixteenth session" clearly reflects Japan's above mentioned position, and Japan has no such intention as is taken note of in the paragraph 4, to convert its target to quantified emission limitation or reduction objective for the second commitment period under the Kyoto Protocol. We understand the paragraph 5 of this decision which invites Parties to submit information on their QELROs for the second commitment period under the Kyoto Protocol does not apply to Japan, but only applies to Parties that have such intention.

　　The Government of Japan would like to take this opportunity to make it clear that Japan will continue its best efforts to combat Climate Change both domestically and internationally.

Sincerely,

Masahiko HORIE
Ambassador Extraordinary and Plenipotentiary
for Global Environmental Affairs
Ministry of Foreign Affairs of Japan

December 22, 2011

以上紹介したのは、COPの気候変動交渉における数ある論点のなかの法的枠組みに関するものである。このほかにも、途上国支援や各国の温暖化対策の測定・報告・検証（MRV）など、様々な論点がある。1回のCOPの成果文書に何匹の悪魔が潜んでいるか、それは蓋を開けてみないと分からない。いったんは封じ込めたと思っても、翌年になるとまたぞろ頭をもたげてくるものもいる。修辞学の悪魔といかに上手につきあうか、気候変動交渉では、日本を含む各国代表団の力量が試されるのである。

コラム⑤　気候変動交渉シミュレーション

COPの場での交渉を大学のゼミでシミュレーションしてみたらどうなるであろうか？

2012年度後期に、筆者は東京大学の客員教授として、学部生・大学院生を対象に日本外交のゼミを担当していたが、12月半ばに行ったゼミ合宿において、COPでの交渉を模した討議を行った。

シナリオは、ダーバンCOP17を踏まえて交渉を進める、いわば「模擬COP18」である。参加学生約30名を7つのグループ（「議長国」、「日本」、「米国」、「EU」、「新興途上国」、「穏健途上国」、「脆弱途上国」）に分け、3つの主要論点（①将来枠組みのロードマップ、②京都議定書「延長」、③途上国支援）についてそれぞれの立場から議論を行い、1枚の「COP決定」（英文）にまとめるべく、交渉を行ってもらった。

事前には、実際のCOP17の成果文書や、国連事務局に提出された各国代表団の意見書を参考にしながら、グループ毎に目指すべき成果文書案や交渉方針などを準備してもらった。ゼミ当日は本番さながらに、全体会合での各グループによるオープニングステートメント（英語）に始まり、個別2国間協議や記者会見、論点毎の分科会を行い、最後は全体会合での成果文書採択で締めるという流れである。

当日のシミュレーションにはドーハCOP18から帰国したばかりの外務省の若手職員数名（環境省、経済産業省からの出向者を含む）や地球環境戦略研究機関（IGES）の研究員に各グループのチューター

第 5 章 「悪魔は細部に宿る」：気候変動交渉の修辞学

ゼミ合宿における気候変動交渉シミュレーション（筆者撮影）

として参加してもらった。筆者はメディア，NGO の役回りで，「世論」を背にしながら，記者会見で各グループに対して様々な角度から質問を浴びせかけた。

一連の流れにおける各グループのパフォーマンス評価については，3つの基準（国益の確保，交渉妥結への貢献，対外発信）に照らして筆者とチューターが採点を行い，結果は夕食の懇親会で紹介した。

全体で半日，約6時間連続のシミュレーションだったが，大変中身の濃い議論になった。各グループが異なる立場から意見を戦わせると，1枚の成果文書をまとめるにも相当のエネルギーを要することが分かり，学生諸君にとっては実際の交渉を疑似体験できたのではないかと思う。

シミュレーションでは，「途上国」グループが示し合わせて，途上国支援で具体的数値目標を明記するよう「先進国」に対して要求を突きつける局面もあった。これに対し「先進国」側も，「従来の援助水準以上を維持する」といった比較的穏当な表現で「途上国」の切り崩しに動き，一部「途上国」がこれに応じたため，本番の COP よりも常識的な形で落ち着いた。また，「世論」を背にした筆者からは，「日本」や「米国」に対して，なぜ京都議定書「延長」に応じないのかを質しつつ，「途上国」側に対しても，この問題でもっと「先進国」を突き上げるように働きかけたが，途上国支援に比べるとあまり盛り上がらなかった。学生の多くが日本人（一名は米国人留学生）だったこともあろうが，興味深い点であった。

コラム⑤

　学生諸君はまた,「記者会見」で筆者が繰り出す質問攻めに答えながら,交渉を取り巻く「世論」を相手にすることの難しさを知ることが出来たであろう。「世論」には「京都議定書『延長』に入るべきだ／入るべきでない」,「途上国支援を増やすべきだ／増やすべきでない」など相反するものが多々ある。また,交渉の結果まとめた文書について,100点満点ではなくても国益を十分に確保したことを説明しなくてはならない。内外のステークホルダーへの説明能力も交渉の成否を左右するからである。

　筆者としても,気候変動交渉が現代の多国間外交の典型であり,様々な外交スキルが試されることを改めて実感したシミュレーションであった。

第6章
ポスト「リオ・京都体制」を目指して

第6章 ポスト「リオ・京都体制」を目指して

はじめに

　前章までは,外からは見えにくい気候変動交渉について,少しでも臨場感を持って理解してもらうため,COPの交渉現場での議論と日本の対応に焦点をあてて論じてきた。

　「武器無き戦争」に臨む以上,それに勝つ（少なくとも負けない）事は重要である。そのための様々な戦術行動についても,これまでに触れた。しかし,それだけに終わってはならない。一部の国々や交渉官にみられるような,交渉のための交渉であってはならない。交渉現場で戦術を駆使している最中でも,「戦後秩序」構築のための戦略を描くことは,日本のような技術力,資金力,外交力を備えた大国の責務といえる。ともすると,日本は京都議定書「延長」に賛成か反対かといった問題に関心が向きがちだが,これは一見華々しく見えるものの,戦術的次元の命題に過ぎない。気候変動問題対処のために真に実効的な国際秩序の構築こそが戦略的命題である。そのために日本の優れた知的資源は活用されるべきである。

　本章では,21世紀の国際社会に相応しい気候変動問題対処のための新たな国際枠組み（将来枠組み）の構築について論じてみたい。

　この問題はしかし,大変困難なものである。

　まず,気候変動問題が単なる環境問題ではない,重要な外交問題であることを認識する必要がある。「環境外交」が「環境」問題である以上に「外交」問題であることは常に念頭におく必要がある。

　また,実効的な国際秩序づくりにおいて大国間の協調は不可欠である。これまでの将来枠組みを巡る問題は,「米国問題」,「中印問題」,「欧州問題」の側面を合わせ持っており,これら問題点の適切な把握は,将来枠組みをデザインするうえで欠かせない。

　この中で,日本はいかなる役割を果たすべきか。日本は,米国,中印,欧州のいずれとも異なる柔軟性を持ち合わせている。将来枠

組みのデザインを提案するだけの知見と経験もある。しかしながら，ともすると日本国内の議論は現行「リオ・京都体制」，特に京都議定書「延長」を受け入れるか否かについての「環境派」と「経済派」の論争が中心となりがちであった。こうした受身の発想から脱却し，将来枠組みを巡る国際的議論に能動的に関与していくことこそが日本の課題であろう。

将来枠組みのデザインには並大抵でない構想力を要する。自国の国境を越えた地球全体の問題を，生身の人間のライフサイクルを遥かに超えるタイムスパンで考えなくてはならないからである。科学技術上，政治経済上の現実に照らして一歩一歩進める実際的アプローチも必要になる。「リオ・京都体制」の問題点は既に明らかになっているが，ポスト「リオ・京都体制」が完璧である保証もない。

しかし歩みを止めてはならない。日本としていかなる国際秩序を目指し，そのためにいかなる貢献をしていくのか，具体像を示しながら国際的議論に臨む必要がある。

❶ 外交の主要課題としての気候変動問題

近年の気候変動交渉をみると，各国の環境専門家の集まりの性格を超えて，首脳，外交当局の関与が高まっているのに気づく。グレンイーグルズやハイリゲンダム，北海道洞爺湖でのG8サミットで気候変動問題が主要議題にとりあげられたり，COP16でメキシコの外務大臣，COP17で南アフリカの外務大臣，COP18でカタールの首相級大臣が議長を務めたのはその具体例である。日本でも，COPに臨む体制として，環境大臣が政府代表団長を務める一方，実務レベルでは外務省が，環境省，経産省等の関係省庁と協議しな

がら，交渉方針をとりまとめる役割を果たしてきたことは既に述べた。

まず，気候変動交渉が，なぜこれほどまでに重要な外交課題として扱われるようになったのかを考えてみたい。

(1) 第1の理由：「マルチの中のマルチ」外交としての気候変動交渉

まず，気候変動交渉が，多国間外交の持つ様々な役割を多く含んだ，「マルチの中のマルチ」外交であることがあげられる。

外交交渉を大きく2つに分ければ，「バイ」（2国間，bilateral）と「マルチ」（多国間，multilateral）に分けられる。日米，日中，日韓など特定の相手国との間で様々な懸案について協議をするのが「バイ」であり，G8やAPEC，WTO，東アジア首脳会議（EAS）など複数の国々が集まる場でマクロ経済や貿易，環境などのグローバルな課題について協議をするのが「マルチ」である。もちろん，バイの協議でマルチのテーマについて議論することもあるし，マルチの機会をとらえてバイの協議を行うなど，両者は密接に関連している。

ここでいう「マルチ」外交に特有の主要な役割としては，以下のものが挙げられる。

(イ) 「アジェンダ・セッティング」（Agenda setting）

「世界で今重要な課題は何か」ということを指し示す役割である。年に1回，主要国の首脳が集まるG8サミットがその典型である。マクロ経済や開発，環境，地域情勢など，その時々の課題について，主要国の首脳がメッセージを出すことは，世界の関心を集め，それらの課題に対処するための国際的取り組みに弾みをつける働きがある。

1　外交の主要課題としての気候変動問題

(ロ)　「ルール・メイキング」(Rule making)

　複数の国々に適用されるルールを作る役割である。国際貿易ルールを定めるWTO交渉がその典型である。OECDで，開発援助や輸出信用など様々な分野において，先進国間の紳士協定的なガイドラインを作ることもこれに当てはまる。

(ハ)　「運用面の協力」(Operational coordination)

　様々な分野での各国関係当局間の実施面での調整を行う役割である。WHOやIAEA，ILOなどの国際機関における協力はこれにあたる。国際機関以外でも，ASEAN地域フォーラムの下での防災協力や，Proliferation Security Initiativeにおける核不拡散協力など様々なものがある。

(ニ)　「資金動員」(Resource mobilization)

　特定の地域・テーマについての資金動員を促す役割である。アフガニスタンやパキスタンなど，特定国への支援資金を国際的に動員する支援国会合や，資金援助と同じインパクトをもつ過去の公的債務の減免を協議，決定するパリ・クラブがこれにあてはまる。

　もちろん，ある枠組みが，複数の役割を果たすことは当然ある。たとえば，北朝鮮のミサイル発射や核実験など，特定国の行動に対し，国連の安全保障理事会が非難決議や議長声明などを出すことは，世界に問題の重大性を認識させる「アジェンダ・セッティング」の意味合いがあるし，さらに踏み込んで，拘束力のある制裁決議を採択し，加盟国にその実施を促すことは，ルール・メイキング，運用面の協力にあたる。また，G8サミットは，アジェンダ・セッティングだけではなく，資金動員的な役割も果たしてきた。2000年の九州沖縄サミットで国際保健分野の取り組みとして沖縄感染症対策イニシアティブが打ち出され，それが後の3大感染症に対処するた

179

めの世界基金の設置につながったのはその一例である。

気候変動交渉は，以上の4つの役割のいずれも含むものとなっている。

すなわち，「アジェンダ・セッティング」の点では，毎年末に開催されるCOPが，世界各国の環境関係者が集まり温暖化対策の重要性を訴える場となっている。近年のG8サミットでも気候変動は主要議題を占めてきた。

「ルール・メイキング」でも，国連のみならず，欧州排出量取引制度（EU-ETS）や，日本が提案する2国間オフセット・クレジット制度など，グローバル，リージョナル，バイラテラルなど様々な局面でのルール作りが気候変動交渉の主要課題となっている。

「運用面の協力」では，各国がCO_2の排出削減努力の透明性を高め，MRV（測定，報告，検証）により，相互にチェックしようという流れが強まっている。

「資金動員」では，途上国支援は，当初より気候変動交渉における大きなテーマであり，いくつかの基金も国連の枠組みの内外で設置されており，2国間協力でも日本の「クールアース・パートナーシップ」や「鳩山イニシアティブ」に代表されるように，気候変動対策は途上国支援の主要な柱となっている。COP17の成果の1つである緑の気候基金の設置の動きを含め，こうした傾向は引き続き続くと思われる。

(2) 第2の理由：複数の政策分野にわたる交渉

第2に，気候変動交渉で扱われる対象が，幅広い政策分野にまたがるようになったことが挙げられる。

国連気候変動枠組条約や京都議定書が成立した1990年代は，気候変動交渉の焦点は，日米欧など主要先進国の排出削減であった。これ自体，先進国の経済政策全般に影響を及ぼすものとして大きな

1 外交の主要課題としての気候変動問題

議論をよぶものであったが,その後の展開に比べればまだシンプルなものであったと言える。

2000年代に入り,状況はより複雑になる。その要因としては,1)中国をはじめとする新興途上国の排出の割合が多くなり,これらの国々の排出削減も交渉の俎上に上るようになったこと,2)先進国／主要途上国の排出削減（緩和）だけでなく,アフリカ,小島嶼国などの脆弱国に対する適応支援を重視すべきとの議論が強まったこと,3)京都議定書の下での京都メカニズムや,EU-ETS導入により,炭素市場の要素が新たにクローズアップされたこと,等があげられる。環境,エネルギーのみならず,国際貿易や開発援助,金融といった政策分野に及ぶようになったことで,交渉の論点や各国のスタンスも複雑化するようになった。

(3) 第3の理由：様々なステークホルダーの参画

第3に,交渉に直接関与する各国政府のみならず,民間企業,研究者,NGO,メディアなど,様々なステークホルダーが参画し,かつその数が年々増えていることが挙げられる。IT技術の普及が後押ししていることは言うまでもない。1997年のCOP3の頃は日本でも携帯電話が普及し始めていた頃だが,現在の国連の気候変動交渉では,少し前まではブラックベリー,今ではiPadが必須アイテムである。

国際会議が年々肥大化しがちなのは,他の分野でも見られるが,国連の気候変動交渉はとりわけそれが顕著である。京都議定書が採択されたCOP3の際は,会議参加者は数千人と言われ,その規模が当時話題をよんだが,2009年のCOP15では約4万人に膨れあがった。交渉の実質的プレーヤーが先進国から途上国に拡大し,交渉の論点が複数の政策分野に拡がった結果,交渉の結果に利害関心を有する関係者も拡がったためといえる。また,参加者の規模が増

えるとメディアの関心が高まり，そのメディアの関心を引くためにNGOなど利害関係者の数も増えるといった「雪だるま」効果もあると思われる。

(4) 第4の理由：科学，イデオロギーの役割

最後に，特に環境・気候変動交渉に顕著な，科学とイデオロギーの果たす役割である。

気候変動交渉の現場では，各国代表，環境 NGO などの発言において，science とか evidence といった表現が頻繁に出てくる。地球温暖化による悪影響は様々な証拠（evidence）が示しており，科学（science）の要請に基づき，各国は対策をとるべきといった文脈で言及される。自らの主張は「科学的根拠」に基づいており，「正義」は我にありということになる。温暖化懐疑論は勿論，経済，社会への影響とのバランスで温暖化対策を判断すべきといった常識論さえ，科学の要請に沿わない安易な妥協として否定的にとらえられがちになる。

科学とは別個のもう1つの「正義」として，南北問題のイデオロギーがある。現在の温暖化問題の責任は，産業革命以来 CO_2 を大量に排出してきた先進国が専ら負うべきとの発想から，衡平性（equity）や歴史的責任（historical responsibility）といった，科学の論理とは別個の価値を含む言葉が途上国や一部 NGO により多用される。先進国，途上国の個別国毎の事情は捨象され，先進国 vs 途上国の二元論（dichotomy）的発想が，強いイデオロギー性をもって交渉全体を覆うようになっている。

(5) まとめ

科学であれ，南北問題のイデオロギーであれ，「正義」が前面に出てくる国際会議では，各国の「利害」を調整する交渉は著しく困難になる。年々増える様々なステークホルダーの衆人環視の下では，

なおさらそうなる。また、論点が複雑多岐にわたるため、各国とも自国の「利害」を正確に認識することすら難しくなっている。

このような中、「アジェンダ・セッティング」、「ルール・メイキング」、「運用面の協力」、「資金動員」の各方面で交渉を前進させるためには、「正義」を巡る各国の主張の背後にある「利害」を見極めつつ、その調整を図り、かつ「利害」の調整が「正義」と相反するものではないことを、様々なステークホルダーに粘り強く説得していく必要がある。

これは並大抵の作業ではない。各国の外交力が問われることになる。「環境外交」が「環境」問題である以上に「外交」問題である所以である。

❷ 「リオ・京都体制」の限界：主要国の問題と日本の課題

20年前の1992年のリオ地球サミットで採択された国連気候変動枠組条約。その5年後の1997年のCOP3で採択された京都議定書。この2つの条約が、気候変動問題を規律する国際的枠組みを構成している。

日本では、自国で開催された国際会議で採択された京都議定書にもっぱら注目しがちである。COP17の際には、京都議定書の下での数値目標の義務を日本が引き続き受け入れるか否かの問題を報ずる中で、一部のメディアで「京都体制」なる表現もみられた。

だが、京都議定書はあくまで国連気候変動枠組条約をベースとしている。第1章で述べたとおり、先進国と途上国の区分や、「衡平性」、「共通に有しているが差異のある責任」といった基本原則はいずれも国連気候変動枠組条約に規定されているものである。した

がって，現在の国際枠組みを評価するにあたっては，両者を一体としてとらえる必要がある。その意味では，現行の国際枠組みは「リオ・京都体制」と呼ぶのが適当であろう。

この「リオ・京都体制」が大きな曲がり角を迎えている。その限界が露わになったのがコペンハーゲンでのCOP15である。COP16,COP17，COP18では何とか持ちこたえたものの，根本的な限界が克服されたわけではない。最大の問題は，「リオ・京都体制」がこの20年間の国際社会の構造変化を適切に反映しなくなっていること，とりわけ米国，中国やインドに代表される新興国，欧州といった主要プレーヤーを束ねることが困難になっていることにある。

以下では，この「リオ・京都体制」の限界を「米国問題」，「中印問題」，「欧州問題」のそれぞれの側面から明らかにし，そのうえで，日本の課題について述べることとしたい。

(1) 「米国問題」——自国を制約する国際枠組みに対する抵抗感

唯一の超大国である米国は，環境分野に限らず，自国の行動の自由を制約する国際枠組みに入ることには，それを上回るメリットがない限り，基本的に慎重である。ただし，国内政治上の文脈での環境問題の扱い次第では，その慎重姿勢が揺らぐことがある。

「リオ・京都体制」の歴史は，米国外交の揺らぎに翻弄された歴史であったといっても過言ではない。世界の環境交渉関係者は，ある時は「リオ・京都体制」の推進に積極姿勢を示し，ある時はきわめて冷淡な対応をとる，その時々の米国政府の交渉姿勢に振り回されてきた。以下はそのいくつかの節目の動きである。

第1は，1992年のリオ地球サミットに出席したブッシュ（父）政権が，国連気候変動枠組条約に署名，締結したことである。ちなみに，同じく署名に開放された生物多様性条約には米国は署名せず，

2 「リオ・京都体制」の限界：主要国の問題と日本の課題

今も非締約国のままである。ある米国関係者によれば、ブッシュ（父）政権は、いずれの条約にも消極的であったものの、同年の大統領選を控え、グリーン票を得るため、米国からみてより問題が少ないと思われた国連気候変動枠組条約のみに署名したとの説もあるとの由である。現在の国連気候変動交渉において、途上国の主張の拠り所となっている、「衡平性」や「共通に有しているが差異のある責任」原則に対し、米国は先進国の中でも最も否定的立場をとっている。しかし、これらは米国が締結している国連気候変動枠組条約に明記されている原則であり、米国の対応にちぐはぐな印象は否めない。本来なら、同条約がその後の国際社会の変化に対応できるよう、より柔軟な構造にするやり方もあり得ただろう。それは米国だけの問題ではないが、米国のこの時の対応が、「リオ・京都体制」のその後の方向性を決定づけたと言える。

第2は、第1章でも述べたが、1997年に採択された京都議定書を巡る対応である。この点については、2001年になってからのブッシュ政権による同議定書不参加表明がクローズアップされがちだが、問題は1997年当時からあった。先進国のみが義務を負う国際約束は拒否するとのバード・ヘーゲル決議に代表される米議会の状況からすれば、京都議定書の国内批准は不可能と思われる中、ゴア副大統領率いる米国代表団は、数値目標についての妥協や、京都メカニズムの提案により、「米国は京都議定書採択に本気である」との印象を、日欧をはじめとする各国関係者に与えた。米国がこうした動きをとらなかったら、日本が「マイナス6％」に合意することもなかったであろう。結局、やはり米議会の承認は得られず、ブッシュ政権になり京都議定書への不参加を表明した。これが、日本を含む世界全体に「米国に梯子を外された」印象を与えたことは否定できない。

第3は、2009年のオバマ政権発足当初による気候変動交渉の盛

り上がりとその後のゆらぎである。「米国は気候変動交渉に戻ってきた」とのオバマ政権のメッセージと,主要経済国フォーラム(MEF)の創設や米国内での排出量取引法案の米下院での可決など,政権発足1年目の具体的取組みは,気候変動交渉が今度こそ進展するとの期待を国際社会に抱かせるのに十分であった。COP15で議長国デンマークが参加レベルを首脳級に引き上げたのも,交渉妥結に向けたオバマ政権に寄せた期待からであった。確かにオバマ政権はCOP15の交渉妥結に全力を挙げた。「コペンハーゲン合意」が曲がりなりにも日の目を見たのは,オバマ大統領自身の粘り強い調整努力によるところが大きい。しかし,中途半端なCOP15の結果は,他の国内要因と相まって,米国内における環境・気候変動政策の動きを鈍らせた。その後の国際交渉における米国政府代表団の動きもCOP15前に比べると精彩を欠いたものとなり,国際交渉全体に影を落としている。

(2) 「中印問題」——欧米主導の既存の国際枠組みに対する不信感

中国とインドは,現在それぞれ世界第1位,第3位のCO_2排出国であり,この20年間で気候変動交渉における存在感を飛躍的に増大させてきた。もっともこれは,気候変動分野に限らず,WTO交渉やG20など国際貿易,マクロ経済分野でも同様である。

ある意味これは自然なことでもある。人類の歴史の大部分において中国とインドは2大経済大国,人口大国であり続けた。欧米に凌駕されたのは産業革命以降の過去250年程度に過ぎない。グローバリゼーションの中で,技術の普及により1人あたり生産性の収斂が世界規模で進めば,2大人口大国の中国,インドのプレゼンスが再び増大するのは自然である。現在の状況は,産業革命前のトレンドに回帰する過程のようにも思える。

2 「リオ・京都体制」の限界：主要国の問題と日本の課題

　中印両国とも自国の存在感の増大を自覚しつつも，気候変動交渉における自らの立ち位置を未だ明確に描き切れているとは言えない。両国は長らく，途上国世界のリーダーとして振る舞うのをよしとしてきた。「G77＋中国」とは，途上国全体を包摂する交渉グループだが，途上国の海の中に自らを置きつつ先進国と対峙する形が，最も居心地の良い立ち位置であったであろう。しかし，中印とも他の途上国に身を隠すには存在感が大きすぎるようになった。コペンハーゲン合意の文言を巡って米国とやりあった中国がCOP15の主役であったとすれば，ダーバン合意の文言を巡ってEUとやりあったインドはCOP17の主役であった。いずれのCOPでも先進国のみならず，一部の他の途上国までが自分達を批判する側に回ったことは，中印両国にとって戸惑いであったであろう。

　また，存在感が増大しているとは言え，貧困削減やエネルギー問題など，中印が様々な国内課題を抱えているのも事実である。1人あたりCO_2排出でいえば中国は，日欧の約6-7割，米国の約3割であり，インドに至っては，日欧の約8分の1，米国の約15分の1である（**図表6-1**）。経済成長の継続が至上命題の両国からすれば，国際交渉の現状は，自らの経済成長を制約する（と思われるような）国際枠組みを，先進国が押しつけようとしているととらえてもおかしくはない。

　今後，中印がそのプレゼンスを高めるにつれ，この「中印問題」の比重は高まる可能性が高い。中印の懸念，関心事項を取り込みつつ，いかに実効的な国際枠組みを構築するかが課題となる。

(3)　「欧州問題」——欧州ルールを世界に拡大しようとする焦燥感

　欧州は長らく，環境外交で世界をリードしてきたと自認してきた。国連気候変動枠組条約の事務局をボンに誘致し，COP1で京都議定

第6章 ポスト「リオ・京都体制」を目指して

図表6-1 1人あたりの CO_2 排出量（2009）

国	排出量（トン）
カタール	~40
オーストラリア	~18
米国	~17
カナダ	~15
ロシア	~11
韓国	~10
ドイツ	~9
シンガポール	~9
日本	~8
南アフリカ	~7
ニュージーランド	~7
EU	~7
フランス	~5
中国	~5
インドネシア	~2
インド	~1

出典：CO_2 Emissions from Fuel Combustion（IEA/2011）

書の策定交渉開始を決めた「ベルリン・マンデート」設定を主導したドイツや，グレン・イーグルス G8 サミットで気候変動を主要課題に掲げた英国はその筆頭である。EU 全体でも EU-ETS の導入など，炭素市場の創設に最も熱心なのも EU である。京都議定書は，名称こそ採択地の日本の都市の名を冠しているが，そこに規定されている各国毎に排出量を割り当てて厳格な遵守を要求する手法は，各国の金融・財政政策を厳格に制約することで単一通貨ユーロを支える手法にも似た，きわめて「欧州的」なアプローチである。したがって，米国や中印と同列に，欧州を「問題」ととらえることに違和感をもつ向きもあるかも知れない。

中印が世界における自らの存在感の増大に戸惑っているとすれば，欧州は自らの存在感の縮小の恐れにとらわれている。コペンハーゲン合意の案文調整における COP15 の最終段階で，米中が調整した表現を追認せざるを得なかったことは，議長国デンマークのみなら

ず欧州全体にとって屈辱的ととらえられた。それ故，2年後のCOP17でEUのヘデゴー欧州委員（COP15当時のデンマーク環境大臣）の踏ん張りによりダーバン合意にこぎつけたことは，その雪辱を晴らしたと受けとめられた。

もっとも，京都議定書「延長」容認をテコにした欧州の捨て身の戦術が引き続き功を奏するかは分からない。古代ローマ史にいう「ピュロスの勝利（Pyrrhic victory）」に終わる可能性もかなりある。ダーバン合意，ドーハ合意を受けた今後の将来枠組みの作業が，欧州や環境NGOがイメージするような，現行京都議定書の厳格なトップダウン型のものになる保証は全くない。欧州がこれまでと同様のアプローチに拘泥すれば，米中印のいずれも入らない枠組みとなり（そうなると日本も入りようがなくなる），京都議定書の二の舞になる可能性もある。

将来の国際枠組みの有り様についての欧州と非欧州の間の立場の相違は，国際航空の分野でも顕在化している。EUは欧州指令により，2012年より国際航空をEU-ETSの適用対象にした（**図表6-2**参照）。これは，欧州域内に離発着する各国航空会社に対し，過去の運航実績を踏まえて約80％のCO_2排出枠を無償で割り当て，それを超えて排出する場合は域内市場で排出枠を調達するよう義務づけるものである。国際民間航空機関（ICAO）でのグローバルな排出削減に進展が見られないからという理由だが，EUの措置が一方的になされたことや，EU域外の空域でのCO_2排出も規制対象に含まれることから，中，米，印，露などの主要国を含む非EU諸国の強い反発を招いた。日本も，EUの一方的措置が多国間主義に基づく国際交渉に悪影響を与えかねないこと，EU領域内を越えて同制度を適用することは国際法上も問題なしとしないとの理由から，反対している。

従来，あらゆる分野でのルール・メイキングで主導権をとり，欧

第6章 ポスト「リオ・京都体制」を目指して

図表6-2

欧州排出量取引制度（EU-ETS）の国際航空分野への適用問題

経緯と概要

- 2008年10月24日、欧州連合理事会は、EU-ETSに国際航空分野を含めるEU指令を採択。
- これにより、2012年以降、EU域内の空港を発着する航空会社（含、EU以外の航空会社）に対して排出上限が設定され、排出上限を上回る温室効果ガスを排出する航空会社は、欧州内の排出量取引市場等から排出枠を購入することが必要となった。

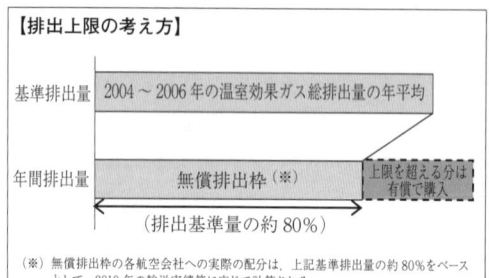

【排出上限の考え方】

基準排出量：2004～2006年の温室効果ガス総排出量の年平均

年間排出量：無償排出枠（※） ／ 上限を超える分は有償で購入

（排出基準量の約80％）

（※）無償排出枠の各航空会社への実際の配分は、上記基準排出量の約80％をベースとして、2010年の輸送実績等に応じて計算される。
無償排出枠の割合は、2020年までのルール。それ以降はEUの制度改正による。

【スケジュール】
2011年12月：航空会社に2012年分排出枠を割当
2012年1月：EU-ETSの国際航空分野への適用開始
2012年1月31日：各航空会社によるEU-ETS取引口座の開設期限
2013年4月：EUへ乗り入れる航空会社が2012年分CO$_2$排出実績を提出（それまでに不足分の排出権を調達。余剰分は売却可能。）

出典：外務省資料

州ルールを世界に拡げようとしてきた欧州からすれば、こうした情勢は不本意であろう。しかし、世界の重心が西から東に移動する大きな長期トレンドの中で、こうした状況は今後ますます常態化することを欧州としても認識せざるを得ないであろう。

（補論）

なお、上述のEU-ETSの国際航空への適用問題については、COP18直前の2012年11月12日、欧州委員会より、2013年秋のICAO総会終了までの間、EUと第3国の間を運航する航空機に対しては「時計を止める」（適用を中止する）ことが発表された。EU域内便については、航空会社の国籍にかかわらず、当初案どおりEU-ETSが適用される。また、ICAO総会で前進が見られない場合には、2013年以降自動的に現行のEU-ETSが適用されるとしている。

EUとしては、COP18を控えた当面の対応として、この問題がこれ以

上政治問題化して気候変動交渉に悪影響が及ぶことを回避したものと思われる。

(4) まとめ

現行の「リオ・京都体制」が限界を露呈しているのは，国際交渉における主要プレーヤーである米国，中国・インド，欧州がそれぞれ自らの問題を十分解決し切れていないところにある。

米国が，政権交代を経ても温暖化対策において一貫性を維持し，世界を振り回すことなく，国際枠組みの構築に建設的に参画できるか。

中国・インドが，自らの存在感と責任を自覚しながら，国際枠組みを自らの経済成長を制約するのではなく，経済成長を持続可能にするための基盤ととらえて，建設的に交渉に参画できるか。

欧州が，欧州中心主義的な自己イメージを修正し，多様なプレーヤーを包摂する国際枠組みの可能性を認め，その中で自らの豊富な経験を活かす形で建設的に交渉に参画できるか。

上記の「米国問題」「中印問題」「欧州問題」はそれぞれの国／地域が自ら克服すべき問題であるとともに，国際社会全体で取り組むべき課題でもある。

(5) 日本の「課題」

翻って，日本はどうであろうか。

① 「日本問題」は存在しない

あえて言えば，「日本問題」なるものは存在しない。少なくとも，前述の「米国問題」「中印問題」「欧州問題」と同じ次元で，日本がグローバルな国際枠組み構築にとって障害となることは，基本的にない。日本は，米，中印，欧州という全ての主要プレーヤーが受け入れられる合意であれば，基本的に受け入れられる。

例えば，今後のあり得べき1つのシナリオとして，米国と中印が

第6章　ポスト「リオ・京都体制」を目指して

国際枠組みについて何らかの合意に至ったとする。そのような合意に日本が（米国と同等の義務を負う形で）入ることは何の問題もない。後は，そのような合意が現行の京都議定書との比較で欧州にとって受け入れられるかどうかという問題になる。ダーバン・プラットフォームを設定したCOP17後の交渉は，このような進展になる可能性がある。

　もう1つのシナリオは，（可能性は低いが）米国が京都議定書回帰に方向転換して欧州と足並みを揃え，中印に対しても，何らかの義務を負うように迫るケースである。そのような動きに日本が米欧と同等の義務を負う形で足並みをそろえることも問題はない。あとは中印等がどう判断するかという問題になる。COP15の前の2009年4月に日本政府があり得べき将来枠組みとして新議定書案を国連事務局に提案したのは，まさにこうした形である。

　日本の立場は，かなり柔軟なのである。日本が受け入れられないのは，第3のシナリオ，すなわち米中印などの主要排出国が義務を負わないという状況に目をつぶり，日欧など一部の国々のみが義務を負う場合のみである。それは，前述の「米国問題」「中印問題」に目をつぶり，「欧州問題」を助長させることに他ならない。これが京都議定書「延長」の最大の問題点なのである。COP16でこの点を巡って日本の対応が注目を浴びたものの，これは「日本問題」ではなく，日本の主張が「米国問題」，「中印問題」，「欧州問題」をクローズアップさせたに過ぎない。

　高村ゆかり氏は，国際交渉で取り上げられている気候変動の国際枠組みの法的形式のオプションとして4つ示している（**図表6-3**〜**6-6**）。前述の第1のシナリオはオプションD，第2のシナリオはオプションA，第3のシナリオはオプションB，Cに概ね相当する。オプションA，Dの場合，日本はいずれでも受入れ可能であるが，オプションB，Cはいずれも受入れ不可である。京都議定書と

2 「リオ・京都体制」の限界：主要国の問題と日本の課題

図表6-3　オプションA

気候変動枠組条約

新たな1つの議定書

| 日本 | EU | 米国 | 中・印 | その他途上国 |

図表6-4　オプションB

気候変動枠組条約

京都議定書 第2約束期間

| 日本 | EU |

新議定書

| 米国 | 中・印 | その他途上国 |

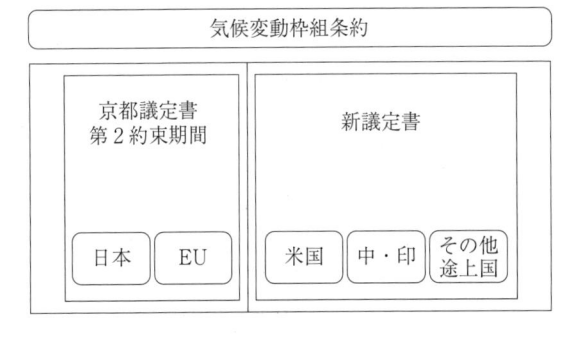

図表6-5　オプションC

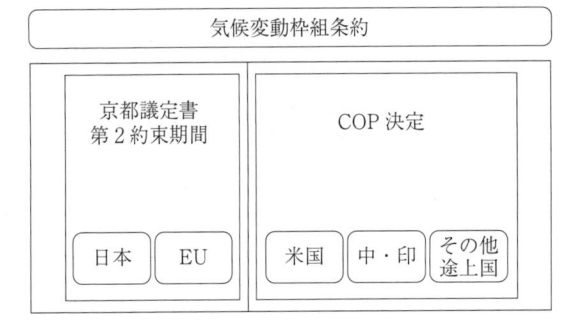

気候変動枠組条約

京都議定書 第2約束期間

| 日本 | EU |

COP決定

| 米国 | 中・印 | その他途上国 |

第6章 ポスト「リオ・京都体制」を目指して

図表6-6 オプションD

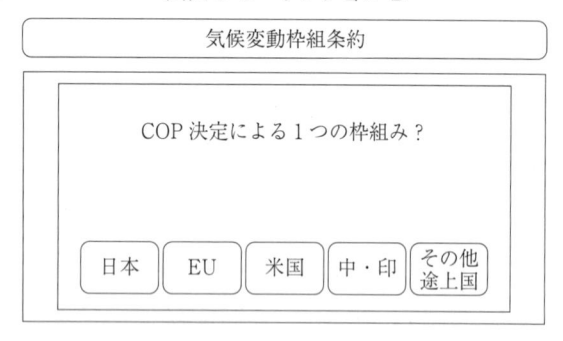

```
┌─────────────────────────────────────┐
│         気候変動枠組条約              │
└─────────────────────────────────────┘
┌─────────────────────────────────────┐
│                                     │
│      COP決定による1つの枠組み？       │
│                                     │
│  ┌───┐ ┌──┐ ┌───┐ ┌───┐ ┌─────┐    │
│  │日本│ │EU│ │米国│ │中・印│ │その他│    │
│  │   │ │  │ │   │ │   │ │途上国│    │
│  └───┘ └──┘ └───┘ └───┘ └─────┘    │
└─────────────────────────────────────┘
```

COP決定を並立させるオプションCは2つの法形式がバランスがとれているとは到底言えない。また，京都議定書と新議定書を並立させるオプションBについては，同レベルの法形式なら二本立てにする必要はなく，オプションAと同様に一本化できない理由はない。逆に，一本化できない内容であれば同レベルの法形式とは言えないであろう。そもそも，枠組条約上同じ先進国である日・欧と米国を異なる法的枠組みの下で律する合理性は全くないと言わざるを得ない。

もっとも，COP17で京都議定書「延長」に向けた決定がなされ，COP18でそれが確定した今，直ちにオプションA，Dになる可能性はもはやない。2013年以降しばらくの間は，**図表6-7**のようなオプションE，すなわち，EU他一部の国が京都議定書「延長」を受入れ，並行して，新たな法的枠組みの構築に向けた検討がなされる状況が見込まれる。

② **日本の「課題」はある**

それでは，国際枠組みの構築において，日本が国力に見合った対応が十分に出来ているかといえば，課題がないわけではない。

最大の課題は，日本の国益と地球益を調和させた国際枠組みの構

2 「リオ・京都体制」の限界：主要国の問題と日本の課題

図表6-7　オプションE

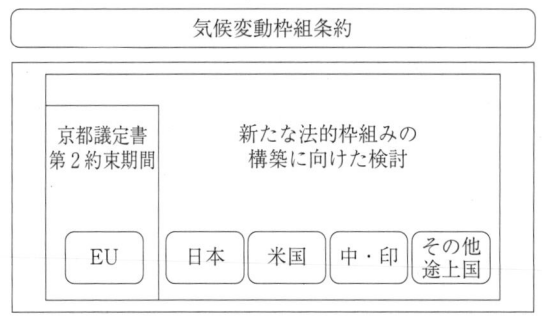

```
┌─────────────────────────────────────────┐
│          気候変動枠組条約                │
│  ┌───────────────────────────────────┐  │
│  │              │                    │  │
│  │  京都議定書  │  新たな法的枠組みの │  │
│  │  第2約束期間 │  構築に向けた検討   │  │
│  │              │                    │  │
│  │  ┌───┐     ┌───┬───┬───┬───┐   │  │
│  │  │EU │     │日本│米国│中・印│その他│   │  │
│  │  │   │     │    │    │     │途上国│   │  │
│  │  └───┘     └───┴───┴───┴───┘   │  │
│  └───────────────────────────────────┘  │
└─────────────────────────────────────────┘
```

出典：オプションA〜Dは高村ゆかり「気候変動レジームを巡る諸理論」
（72-73頁「気候変動と国際協調」亀山康子＝高村ゆかり編）より引用。
オプションEは筆者作成。

築について，能動的に対外発信を行うための，国内での知的基盤の構築であろう。

　環境・エネルギー分野で日本国内に多くの優れた知見があることは疑いもない。官民の多くの優れた専門家の努力なくして，現在の省エネ大国としての日本はなかったし，3／11，福島原発事故を受けて，現在，日本の新たなエネルギー・ミックス，地球温暖化対策策定のため，様々な場で真摯な議論がなされているのも事実である。ここでいう課題とは，そうした日本国内の優れた知見を，日本国内の制度設計のみにとどめず，あるべき国際枠組みの構築のための国際場裏での議論にいかに反映させていくかという点である。これは環境・エネルギーの専門家のみならず，外交当局にとっても大きな課題である。

　国際枠組みに関する日本国内での議論は，京都議定書「延長」問題に代表されるように，現行の「リオ・京都体制」への賛否が専ら対立軸となっている。「環境派」と「経済派」の間ですれ違いの議論が繰り広げられ，結果的に環境・気候変動を巡る議論が大多数の

第6章 ポスト「リオ・京都体制」を目指して

人々の感覚から乖離したものとなり，気候変動問題全般への関心の低下を招いている。（なお，ここでいう「環境派」，「経済派」とは，現行の「リオ・京都体制」に対する様々な考え方が存在するのを明確化するため，便宜的に2つに分けて単純化したものである。特定組織の個別具体的な主張をとらえたものではない。実際，同一組織に両方の考え方が並立するケースもまま見られる。）

「環境派」は，現行の「リオ・京都体制」はすべからく維持されるべしとの考えである。その主張は国際環境NGOのレトリックの翻訳調であることが多い。「○○では～」といった調子で海外の事例の一部分のみを切り取ってとりあげる，いわゆる「出羽の守」になる傾向がある。環境派メディアも，Japan bashingないしJapan passingのストーリーの文脈で，これら主張を十分吟味することなく紹介しているようにみえることもある。日本の幅広い各層の共感を得ているとは言い難い。京都議定書「延長」が焦点になったCOP16やCOP17の際，主要メディアで日本の京都議定書「延長」参加を求める社論を掲げたところは（筆者の知る限り）結局皆無であった。そのような方針が国民一般に受け入れられないであろうことをメディア自身が感じとっていたためと思われる。

一方，「経済派」は，「リオ・京都体制」は押しつけられたものであり拒絶すべきとの考えが強い。特にCOP3における京都議定書成立の顛末について，一種のトラウマを感じている向きもあるのかも知れない。そのせいか「経済派」は「日本独自モデル」構築への思いが強く，経済派メディアでもこれを鼓舞する向きがある。しかし，いかに優れた技術，モデルでも，国際的に普及させる展望，戦略なしには「ガラパゴス」になりかねない。「リオ・京都体制」は日本を含む国際社会がつくりあげてきたものであり，新たな国際枠組みも，全くの更地からでなく，これまでの積み重ねを踏まえたものになるであろう。こうした国際的流れをとらえたうえで，日本か

2 「リオ・京都体制」の限界：主要国の問題と日本の課題

ら将来枠組みのデザインを提案し，その提案内容についても，各国のフィードバックを踏まえて幅広く受け入れられるよう，随時見直していくような柔軟さが求められる。「経済派」にはこうした取り組みがまだ十分ではないように見える。

「環境派」，「経済派」両者に共通するのは，国際枠組みが日本の手の届かない所で外生的に決められてしまうという発想，日本が出来るのは，それを受け入れるか拒絶するかの二者択一しかないという発想である。国際枠組みの構築プロセスにおいて日本が受動的（reactive）であるという点で両者は共通している。

ここから一歩踏み出し，全ての主要国が参加する公平，実効的な国際枠組み構築のため，日本自身の知見，経験を生かしながら，能動的（proactive）に関わること，それが日本の「課題」であろう。高いエネルギー効率，技術力，資金力を有する日本にはその能力は十分にある。3／11，福島原発事故の影響ですら，いたずらにハンディキャップととらえる必要はなく，むしろチャンスととらえるべきではないだろうか。なぜならエネルギー・ミックスは日本だけの課題ではなく，今後数十年にわたり世界全体が直面する課題だからである。

この能動的関与は，決して簡単な道ではない。国際場裏で「リオ・京都体制」の問題点や，「米国問題」，「中印問題」，「欧州問題」の本質を臆せず指摘しながら，新たな国際枠組みに関する日本の提案について，十分な普遍性，幅広い受容可能性を持つものであるとの理論的裏付けを持って主張していく必要がある。これは生半可な覚悟では出来ない，知的エネルギーの投射能力が求められる。環境か経済か，といった論争を国内の土俵で行うよりも，はるかに厳しい国際的な知的論争に挑む覚悟が必要となる。

第6章 ポスト「リオ・京都体制」を目指して

❸ 気候変動問題対処のためのグローバル・ガバナンス：3つの視点

それでは、「リオ・京都体制」の経験、教訓を踏まえながら、どのようなグローバル・ガバナンス、国際枠組みを構築していくべきか。

まずは、環境・気候変動問題を規律する国際枠組みを考えるにあたり、必要と思われる3つの視点について触れることとする。

(1) 長期的な (long term) 視点

第1に、長期的な視点の重要性である。

2012年は、リオ地球サミット、気候変動枠組条約が採択されて20年の節目の年であるが、地球環境問題を考えるうえで10年、20年というタイムスパンも決して長いとは言えない。これは、当然といえば当然である。2050年で世界全体のCO_2排出を半減させるとか、2100年で濃度を安定化させるといったタイムスパンで考える以上、将来の国際枠組みをデザインするうえで、未来の国際社会の姿に思いを巡らす長期的視点は欠かせない。

しかし、これは簡単ではない。想像力をフルに働かせたとしても、国際社会の現実は、往々にして我々の想像を上回るスピードで変わっていくことが多いからである。

たとえば、今から約40年後の2050年に世界がどのようになっているかを考えるとき、今から40年前の1970年代前半の世界がどうであったか、今日の世界の姿を当時予想できていたかを考えてみると良い。1972年はローマ・クラブの「成長の限界」レポートが出された年であり、スウェーデンのストックホルムで国連人間環境会議が開催された年でもある。人口の幾何級数的増加、環境、エネ

3 気候変動問題対処のためのグローバル・ガバナンス：3つの視点

ギー問題など，今日に通じる問題が指摘された節目の年であった。その頃の世界はどうであっただろうか。

当時は冷戦の真最中であり，欧州は東西に分断されていた。現在のEU27カ国のうち半分は東欧の共産主義，南欧の軍事政権による非民主的体制であった。ロシアはプラハの春とアフガニスタン侵攻の狭間，強固な旧ソ連体制の下にあった。中国は1972年のニクソン訪中，日中国交正常化など対外政策の変化をみせつつも，国内的には文化大革命の最中にあり，改革開放路線はまだ数年先のことであった。中東では，1973年に第4次中東戦争がありエジプト，リビア，シリア3カ国はアラブ連合を形成していた（奇しくも2011年の「アラブの春」に翻弄された国々である）。イランは革命前の親米王制の時代である。米国はニクソン政権，日本は田中内閣，英国は保守党ヒース内閣，フランスはポンピドゥー政権，西ドイツはブラント政権である。国際社会が今日のような姿になると，当時誰が想像できたであろうか。

こう見てみると，日本，米国，西欧など一部の民主主義国を除き，国際社会の多くの国々がこの40年間で政治，経済，社会の面で激変とも言える変化を経験してきたことが分かる。

その一方で，当時から予想され，実際その通りに推移した現象もある。人口動態がそうであり，40年前の世界人口は約40億人であったが，当時からの予測にほぼ合致する形で，現在の世界人口は約70億人に増加した。40年後の2050年にはそれが約90億人になると見込まれている。

人口70億人が90億人時代になるとき，世界はどのような姿になるのだろうか。各国の政治・経済・社会にどのような変化をもたらすのか。今後40年間の変化は，過去40年間の変化に匹敵するマグニチュードになるのか。それはまだ分からない。過去の経験に照らせば，相当の変化があり得ることを念頭におきながら，環境・気候

変動問題においても，将来の世界の有り様に相応しい国際枠組みを考えるべきであろう。日米欧3極が中心だった20世紀型の国際社会の残像を引きずった backward looking な発想ではなく，将来の国際社会の形に思いを巡らす forward looking な発想が必要である。

(2) グローバルな (global) 視点

第2に，グローバルな視点である。

「グローバルな課題はグローバルな対応が必要 (global agenda need global actions)」とはよく言われる。しかし，これは口で言うほど簡単ではない。

世界全体の事情を見通し，世界中の様々な利害を吸い上げて最適な政策決定をする世界政府のシステムは存在しない。環境・気候変動分野に限らないが，各国政府とも自国の事情，自国の利害関係者の声を受けて政策決定をする。世界全体からみれば，その意思決定の構造はあくまで分権的なものであり，中央集権的ではない。そのような中では，国際交渉を通じて各国の政策決定プロセスにグローバルな視点を入れ，分権的な構造ながら，あたかも世界政府があるかのような調整された政策が各国政府により実施されることが本来は望ましい。しかしながら，実際は，国際交渉が各国の政策決定に影響を及ぼす以上に，各国の政策が国際交渉を振り回すことの方が多い。前述の「米国問題」，「中印問題」，「欧州問題」は，いずれも米国，中国，インド，欧州といった主要プレーヤーの国内事情に基づく政策が，グローバルな国際交渉プロセスとの間で軋轢を生じさせているといえる。また，日本についても，グローバルな視点を十分踏まえて，自国の政策決定を行えているとは言い難い。

それでは，グローバルな視点を踏まえた温暖化対策とはどのようなものになるのか。いわゆる「茅恒等式 (Kaya Identity)」をベースに考えてみたい。

3 気候変動問題対処のためのグローバル・ガバナンス：3つの視点

茅恒等式とは，茅陽一氏により示された，CO_2排出と「人口」，「GDP」，「エネルギー利用」などの諸要因との間で成立する以下の関係を指す。

CO_2 ＝ 人口 × (GDP／人口) × (エネルギー／GDP) × (CO_2／エネルギー)
(a)　　(b)　　　(c)　　　　　　(d)　　　　　　　(e)

- (a) CO_2総排出量
- (b) 人口
- (c) 1人あたりGDP
- (d) GDP単位あたりエネルギー利用
- (e) エネルギー単位あたりCO_2排出

この関係は，一国の温暖化対策を議論するうえでも，世界全体を議論するうえでも当てはまるが，そのマグニチュードは大きく異なる。

現在，日本では，温暖化対策目標とエネルギー・ミックスが表裏一体で議論されている。そこでは，(b)人口は減少傾向，(c)1人あたりGDPは漸増が想定されており，その中で，(d)省エネ，(e)クリーンエネルギー（再生可能エネルギー普及のほか原子力も含まれ得る）をどこまで進められるかで，(a)CO_2削減も左右されるという流れで議論がなされている。

一方，世界全体での議論は，様相が全く異なる。

日本と対照的な事例として，バングラデシュを例にあげる。同国は2012年6月に筆者が2国間オフセット・クレジット制度の協議のため訪れた国である。

同国の人口は2010年現在で約1億5000～6000万人。人口増加は年率1.6％で，2050年には約2億人になると見込まれている。1人あたりGNIは約700ドルで日本（約42000ドル）の約60分の1，1人あたりCO_2排出量は約0.3トンで，日本（約10トン）の約30分の1である。電力供給能力は需要の6割程度できわめて逼迫して

第6章　ポスト「リオ・京都体制」を目指して

おり，地方で電気が通じるのは一日数時間程度といわれている。電力の多くは国内産天然ガスによるガス火力であり，日本などの支援により高効率のコンバインドサイクルのガス火力発電所も建設されているが，エネルギー源多様化の観点から，石炭火力，ひいては原子力発電の可能性も探求されている。

バングラデシュのような国のエネルギー・ミックスはどのように考えれば良いのであろうか。過去のトレンドをみる限り，人口増は推計通りとみておいた方がよいだろう。また，経済成長では，バングラデシュ人が日本人や米国人，欧州人と同程度の生活水準を享受することを否定する理由はない。1人あたりGDPが今の数十倍になり得るということである。エネルギー需要は当然増える。バングラデシュ人も日本人同様，電気も一日24時間通じることを期待するであろう。省エネや再生可能エネルギーの普及は出来るだけ進めるべきだが，日本と同程度までは難しいだろう。天然ガス利用が今以上に増え，石炭火力も活用されるのがあり得るシナリオである。

これを茅恒等式上で考えると，(b)人口が増え，(c)1人あたりGDPも増える。(d)GDP単位あたりのエネルギー利用や(e)エネルギー単位あたりのCO_2排出は，今後の省エネ，再生可能エネルギー，化石燃料利用の更なる効率化にも左右されるとしても，かなり不透明である。恒等式の右側に劇的なCO_2削減要因は見あたらないように思える。

日本とバングラデシュの事情を比較してみると以下のようになる。各要素の方向性を，++（大いに増加），+（増加），+-（横ばい），-（減少），--（大いに減少）で表現している。

CO_2 ＝ 人口 × （GDP／人口） × （エネルギー／GDP） × （CO_2／エネルギー）

日本　　　（--?）（-）　　（+-）　　　　　　（--?）　　　　　　　（--?）
バングラデシュ（?）（++）　　（++）　　　　　　（-?）　　　　　　　（-?）

3 気候変動問題対処のためのグローバル・ガバナンス：3つの視点

バングラデシュは世界で特殊な国ではない。日本の方が世界の中では特殊である。2010年時点の人口大国トップ10は，中国，インド，米国，インドネシア，ブラジル，パキスタン，バングラデシュ，ナイジェリア，ロシア，日本であり，日米露以外は途上国である。これが2050年の予想では，日本，ロシアと入れ替わりにフィリピン，コンゴ民主共和国が入ると言われ，先進国は米国のみになる。いずれの国々も，経済成長やエネルギー・ミックスを巡る問題は，日本よりはバングラデシュの事情に近い。

2050年までの気温上昇を2度以下に抑えるためには，世界全体のCO_2排出を現在の半分にするべきであると言われる。一方，世界人口は2050年までに現在の約70億人から約90億人以上になると見込まれている。その内訳は，アジアで約10億人，アフリカで約10億人増える見込みである。途上国の人々は，先進国の人々と同様，食料，水，薬といった基礎生活物資のみならず，家電製品，車など生活を快適にする様々な財・サービスを欲する。先進国で享受されているような生活を途上国の人々が送ることを，先進国の人々が否定することは出来ないであろう。

世界全体における温暖化対策の各要素の方向性を茅恒等式上で表現すると以下のようになる。

CO_2 ＝ 人口 × (GDP／人口) × (エネルギー／GDP) × (CO_2／エネルギー)
(−−)(＋＋)　　(＋＋)　　　　　(−−？)　　　　　(−−？)

「世界全体でのCO_2排出半減」と，「世界人口増」及び「1人1人が豊かになる世界」とをいかに両立させられるか。前述の日本やバングラデシュに加えて，中国，米国，インド，インドネシア…と国毎の恒等式を足し上げていった先に，この世界全体の恒等式を成立させることはできるのか。これが根本的な問題である。

省エネ，クリーンエネルギーを目指すという方向性自体は世界全

第6章 ポスト「リオ・京都体制」を目指して

体と日本国内とで異なるものではない。しかし,「人口減少・低成長」社会の日本と,「人口20億増・高成長」の世界全体ではマグニチュードが全く異なる。電力アクセスが所与のサービスか,これから確保すべき基礎サービスかで出発点が異なる。ポスト3／11の日本の課題は「節電」だが,バングラデシュの例にあるように,世界の途上国の課題は「無電化地域の解消」である。また,日本国内では脱原発依存を巡って様々な議論が交わされているが,当面の火力依存増止むなしという点では概ねコンセンサスがある。「人口減少・低成長」社会の日本ですら火力依存増が不可避なら,「人口20億増・高成長」の世界全体ではどうすればよいのか。中国,インドは増大するエネルギー需要を満たすため原発を推進すべきなのか。それとも,脱原発に舵を切って,今以上に化石燃料の利用拡大を容認すべきなのか。それは,世界のエネルギー価格,環境,経済にいかなる影響を与えるのか。

エネルギー・ミックスは,日本だけではない,世界全体が直面する課題である。特に,アジア,アフリカなど今後の人口増を抱え,持続可能な経済成長を至上命題とする国々にとっては切実である。この認識なくして,いかなる国際枠組みの構想も十分な説得力を持ち得ない。

(3) 実際的な (pragmatic) 視点

第3に,実際的な視点である。

(イ) 重層的な国際枠組み構築の重要性

安全保障の世界において,平和を唱えていれば平和が実現されるわけではないのと同様,環境の世界でも,環境を唱えていれば環境保全が実現されるわけではない。理念を掲げつつ,現実の世界の動向を踏まえながら,理念の実現に近づくような具体的な制度設計,特に,時間と資源の有限性を認識しつつ,各国の政策,技術,資金,

3 気候変動問題対処のためのグローバル・ガバナンス：3つの視点

市場を効果的に動員できるような制度構築に取り組む必要がある。

安全保障の世界では，安全保障理事会を中心とした国連の下での紛争解決という理念を維持しつつも，現実世界での安全保障上の脅威と国連安保理の限界を踏まえて，NATOや日米安保体制といった，利害を共有する国々が共同対処する軍事同盟を生み出した。これらの枠組みが，国連安保理との関係性を保ちつつ，それ自体，国際公共財として認知されるに至っているのは周知の通りである。

国際貿易においても同様である。GATT／WTOは長年，グローバルな枠組みとしての役割を果たしてきており，その有用性は今後も変わらない。しかしながら，ドーハ・ラウンドがこの10年あまりの交渉にもかかわらず，当面妥結の見通しが立たず，その一方で，世界各地で，EPA・FTAといった地域や2国間の枠組みの比重が高まってきた。日本もその例外ではなく，この間，アジア，中南米の国々とEPAを締結し，現在の最大の課題は，TPPへの対応となっている。

環境・気候変動分野の国際枠組みは，安全保障，国際貿易の分野に比べると歴史が浅い。それだけに，国連条約で謳われたグローバルなレベルでの理念が突出して強調され，地域レベルや2国間の取り組みは，グローバルな枠組みと相容れないのではないかとの警戒感を持ってとらえられがちである。しかしながら，現実の国連交渉は，このグローバルな理念を十分に体現しているとは言い難い。現実に機能する制度の構築に不可欠な，各国政府・国民レベルのコモンセンス，皮膚感覚に浸透し切れていないように思われる。

このような中，国連の下の「リオ・京都体制」の理念を尊重しつつも，それを「不磨の大典」とすることなく，様々なレベル（グローバル／リージョナル／バイラテラル）での実際的な協力を重層的，有機的に連携させるような制度を構築していく知恵が求められる。

第6章　ポスト「リオ・京都体制」を目指して

㈹　気候変動対策における緩和と適応のバランス

　実際的視点の重要性は，気候変動問題への対処における，緩和（排出削減）と適応のバランスについても当てはまる。

　近年の気候変動交渉では気候変動対策における緩和と適応のバランス，特に脆弱国に対する適応支援の重要性が強調されている。しかし，かつての気候変動交渉では，緩和策により重点が置かれていた。温暖化が進むことを前提に適応対策を云々するのは，排出削減努力をあきらめるようなものであり，好ましくないとの考えによる。国連気候変動枠組条約の目的が人為的排出による温室効果ガスの濃度安定化にある以上，緩和策に重点をおく考えは，あながち変ではない。筆者自身も当初同じ考えを持っていた。防災，食料，水，保健といった個別分野での適応支援は，既存の開発援助の枠組みで扱われており，気候変動交渉で適応に焦点をあてることは議論の拡散につながり望ましくない，先進国，新興途上国を含めた世界全体での排出削減を促すことこそが，気候変動交渉の付加価値である。したがって，気候変動対策での途上国支援で緩和に焦点をあて，その割合が大きくなるのは当然だと考えていた。

　しかし，気候変動交渉の現場に出て，様々な議論に触れるにつれ，2つの理由からこの考えを修正するに至った。

　1つは国際交渉の力学上の理由である。国連交渉に出てくる途上国の圧倒的多数は脆弱国であり，彼らは自らが直接裨益する適応支援を望んでいる。脆弱国の動向が交渉を左右する以上，適応対策の比重が高まるのは交渉力学上，自然の流れであり，これを考慮しなくてはならない。

　もう1つは気候変動対策に必要な資金の適正配分の観点である。例えば，世界中のあらゆる気候変動対策に活用できる資金が一定規模（たとえば100億ドル）あるとした場合，いかなる対策に活用するのが最も望ましいであろうか。枠組条約の目的に照らせば，全額

を緩和（排出削減）対策に投じるのは1つの考え方である（先進国国内でやるべきか，それとも削減費用の低い途上国で行うべきか，途上国で行う場合に発展段階に応じていかなるタイプの資金協力で行うべきか，といった派生的論点があるが，ここでは立ち入らない）。その排出削減対策により，CO_2等の濃度はいくぶん抑制され，気候変動の悪影響はいくぶん緩和されるのであろう。緩和効果は地球全体にあまねく拡がるので，人間には直接関係のない気候変動の悪影響（アフリカの砂漠での干ばつや，太平洋の無人島での海面上昇など）も，緩和されるであろう。そのような緩和対策と，同じ100億ドルの幾分かを生身の人間の生活に直接焦点をあてた対策，たとえばアフリカでの食糧確保のための干ばつ対策や，太平洋の小島嶼国の防災対策にあてるのとどちらが望ましいであろうか。コモンセンスに照らせば，後者に注力すべきと考えるのが自然であろう。

とはいえ，緩和と適応のバランスをとることは難しい。適応支援重視の名の下では，特定の開発分野に利害を有する途上国，国際機関，NGOなどのステークホルダーが，当該分野と気候変動の影響を関連づけて，適応支援の重視（による当該分野への援助増額）を求めがちになる。これが行き過ぎると，既存の開発関連フォーラムと気候変動交渉との重複感が強まり，また緩和対策が脇に追いやられかねない。両者のバランスをとりながら，無限ではない国際支援のリソースを適切に配分する仕組みをいかにつくっていくか，コモンセンスが問われる問題である。

❹ 気候変動対策における様々なアプローチ

「リオ・京都体制」の限界が明らかになる中で，気候変動対策に

第6章 ポスト「リオ・京都体制」を目指して

おいて様々なアプローチが試みられている。

1つは、様々な開発課題を抱える途上国が人口増、エネルギー需要増に直面する中、途上国の低炭素成長戦略づくりを支援し、低炭素関連インフラへの投資を促進することで、経済成長を損ねることなくCO_2等の排出の抑制・削減を実現しようとするアプローチである。次章で紹介する、日本が提唱する「世界低炭素成長ビジョン」の基本にあるのはこのアプローチである。これは、どちらかといえば、経済に軸足を置いた「アメ」の発想といえる。

しかし、CO_2等の排出削減を進めるため、これとは異なるアプローチもある。最初に排出抑制・削減があり、それを達成しない限り、市場や資金へのアクセスが制限されるというやり方である。環境に軸足を置いた「ムチ」の発想ともいえる。

1つの例は、国際海事機関（IMO）を中心とした国際海運における排出規制である。2011年にIMOでは、国際海運における船舶の燃費向上（技術的措置）を世界一律で義務づける条約改正が決定された。日米欧の先進国及び多くの途上国が、中国、ブラジルなど一部の新興途上国の反対を押し切った形での決定である。これにより、一定の燃費基準を満たさない船舶は、国際海運に従事できなくなる。いわば、国際海運市場へのアクセスをテコに、高効率の船舶への設備投資を世界全体で促進していくための「ムチ」である。これはCO_2排出削減という環境面だけでなく燃料節約という経済面のメリットもある。何より、長年の国連での気候変動交渉における、先進国と途上国を二分する発想から脱却した規制が導入されたのは画期的であった。

このような規制が実現した要因としては、1）気候変動交渉のCOPと異なり、IMOの意志決定方式がコンセンサスでなく票決により明確に決まっていたこと、2）燃費向上の技術的措置の必要性について先進国の立場が一致しており、多くの中小途上国もこれに

同調したこと,3) 交渉担当が海事関係者中心であり,イデオロギーではなく実利的観点から,競争条件をそろえて燃費向上の設備更新を進める共通のインセンティブがあったこと,などがあげられる(もっとも,この海運分野でも,更なるCO_2排出削減のための経済的措置の方式(排出量取引か課金方式か)や途上国支援をどう組み込むかについて各国間の立場の違いがあり,今後のIMOでの交渉の行方は予断を許さない)。

もう1つの例は,前述の欧州排出量取引制度(EU-ETS)の国際航空への適用である。グローバルな枠組みであるIMOと異なり,EUという特定地域の制度ではあるが(それ故,域外に影響を及ぼす一方的措置が非EU諸国からの批判を招いているのであるが),EU航空市場へのアクセスをテコにCO_2排出削減を強制的に進めようとする点では類似点もある。

こうした発想は,海運や航空といったサービスの分野だけでなく,モノの分野でも当てはめ得る。前述の国際海運の例における「船舶」を「製鉄プラント」,「海運(サービス)」を「鉄鋼(モノ)」に置き換えて考えてみるとよい。CO_2排出削減の観点からは,世界の何処で生産されようが,もっとも高効率な(CO_2排出の少ない)技術で生産された鉄鋼が世界の需要を満たす姿が望ましい。国際貿易における公平な競争条件の観点からも同様である。技術の違いによる価格差ゆえに,国際市場において「高効率(CO_2排出小)の鉄鋼1トン」が「低効率(CO_2排出大)の鉄鋼1トン」に駆逐されるのは望ましいとは言えないであろう(技術以外の価格要因は別の問題である)。

高効率の技術が活用されるようにするために考え得る1つのアプローチは,IMOの例と同様,各国間における省エネ基準のハーモナイゼーションである。現在,IEAの下で行われている国際協力の枠組みであるIPEEC(エネルギー効率協力のための国際パートナー

シップ）はそうした役割を果たし得る可能性がある。

　もう1つのあり得るアプローチは，各国が相殺関税のような国境措置により，上述の価格差を埋めようとするやり方である。貿易交渉における「貿易と環境」の議論では，目的が貿易（国内産業保護），手段が環境（基準設定）の関係にあり，その是非が問われるのに対し，こちらは逆に目的が環境（CO_2排出削減），手段が貿易（国境措置）の関係になる。このやり方は，かつて米国が濫発したアンチダンピング課税にも似て，気候変動交渉を今まで以上に対立的（confrontational）にする可能性がある。中国，インドなどが国際海運でのIMO関連条約の改正に反対し，国際航空におけるEUの一方的措置に対して強い反発を示しているのは，当該分野にとどまらず，その先に他分野への波及の可能性を見ているからであると推測される。そして，EUや米国の動向からすれば，その懸念はあながち杞憂とも言い切れない。この問題は，現時点では不確定要素が多々あることもあり，一般的な指摘にとどめることとしたい。いずれにせよ，今後の気候変動交渉において貿易措置の扱いは主要論点の1つになると思われ，注目していく必要があろう。

　市場アクセスだけでなく，資金アクセス面でも「ムチ」のアプローチはあり得る。国際金融機関の融資条件や，CDMの認定基準の厳格化により，石炭火力案件が対象から除外されつつあるのは，その一例である。エネルギー安全保障や途上国のエネルギー需要増大への対処，コスト面からみて，いかなるタイプの技術であれ石炭火力をすべからく排除するのが適当か，疑問なしとしない。もっとも，低効率技術の案件に安易にファイナンスがつかないようにすることは，高効率技術の普及をファイナンス面で後押しするのと同等の効果があるといえ，いかなる制度設計が適当か，研究の余地はあると思われる。

　こうした「ムチ」のアプローチについて，日本としてどう考える

べきか。上述のIMO関連条約改正のように，適切に制度設計がなされるのであれば，必ずしも排除する必要はない。しかし，国際航空におけるEU-ETS適用問題にみられるように，国際摩擦の激化という形で当事者の予想を超えた副作用をよぶ可能性もある。様々な分野で知見を有する各国政府・国際機関・民間セクター等と政策協議を積み重ねながら，いろいろなオプションを研究していく必要がある。

❺ まとめ

この20年間，世界の気候変動交渉は，国連気候変動枠組条約と京都議定書をベースとする「リオ・京都体制」を中心に回ってきた。この体制の一年のハイライトが，毎年11月末から12月の初旬にかけて開催され，世界中の環境関係者が一堂に集って各々の主張を繰り広げるCOPである。この仕組みは今後いつまで続くのだろうか。

前述のとおり，COP17及びCOP18では，2015年までに新たな枠組みを策定して2020年から実施すること，また日本やロシア，ニュージーランドは加わらないものの，2020年までEU等の一部先進国が義務を負う形で京都議定書の「延長」を行うことが決定された。少なくとも外観上は，2020年までは「リオ・京都体制」は，現在の形で続いていくであろう。いったん出来上がった国際的枠組みは，たとえそれが国際社会の変化を十分に反映しなくなっても，意外と長続きするものである。既存の枠組みに利害を有する関係者（ステークホルダー）が時とともに増え，枠組み存続への慣性が強く働くからである。国連機関のように条約に基づく組織は特にその傾向が強い。

第6章　ポスト「リオ・京都体制」を目指して

　とはいえ、今後「リオ・京都体制」は、大きな質的変化を迎えることが予想される。

　まず、京都議定書については2020年までに原型から大きく変わることはほぼ確実である。カナダの脱退に続き、日本、ロシア、ニュージーランドが第2約束期間に参加しないことで、2013年以降に法的義務のカバレッジが下がることも大きいが、EUが2020年までの第2約束期間が最後であり第3約束期間の設定はないと明言していることが決定的である。EUが現在の方針を転換しない限り、「リオ・京都体制」のうちの「京都」部分は2020年で基本的に無くなる。CDMや各種報告制度など、京都議定書に規定される約束期間設定以外の要素が新たな枠組みに吸収されていくことはあり得る。また、手続き的にも、新たな枠組みが京都議定書改正手続きに則って作られる可能性も理論上はあり得る。しかし、それは、1997年以来我々がなじんできた国別数値目標の厳格な義務づけに象徴される「京都」体制と同質とはもはやいえないであろう。

　「リオ・京都体制」の「リオ」部分である国連気候変動枠組条約については、より長続きするであろう。ただし、同条約に規定される基本原則である「衡平性（equity）」や「共通に有しているが差異のある責任」原則については、過去20年間の国際社会の変化や将来を見据えていかに再定義すべきか、大きな議論がなされるであろう。その関連で、「先進国」と「途上国」を二分している同条約の附属書方式についても議論の俎上に上るかも知れない。温暖化対策と貿易や知的財産権との関係についても、特に先進国と新興途上国との間において、WTOにおけるのと同様な議論が、気候変動交渉の場でも繰り広げられるであろう。特に、前述の「ムチ」のアプローチについて、具体的事例を巡って対立的議論がなされる可能性も排除できないであろう。これらの論点についての議論が、今後交渉が本格化する新たな枠組みに反映されていくであろう。

一連の交渉，議論を経て，2020年以降の国際枠組みがどのような形になるのかはまだ分からない。国連気候変動枠組条約の下に京都議定書に替わる新たな議定書が出来るのかも知れないし（「リオ・○○体制」），条約の改正によるのかも知れない（「リオ体制ver2」）。グローバルな枠組を補完する地域協力や2国間協力の比重が高まる可能性もあるし（「リオ体制＋α」），これらの組み合わせになるかも知れない。2020年に至るこれからの数年間における，国連交渉での議論と，2国間協力や地域協力など様々なレベルでの国際連携の実績の積み重ねが，国際枠組みの形に影響を及ぼしていくであろう。

　日本は，この国際枠組みの形成プロセスに参画する主要プレーヤーであり続けたし，これからもそうである。自らの国益と地球益を調和させつつ，新たな国際枠組みの構築に向けて積極的に発信していくべきである。

コラム⑥　東アジア低炭素成長パートナーシップ

　2011年に日本が提唱し，翌2012年4月に閣僚級対話を開催した東アジア低炭素成長パートナーシップは，気候変動分野における新たな地域協力の試みである。同パートナーシップの詳細については第7章で触れるが，ここでも簡単に紹介したい。

　日本が関わる気候変動交渉の枠組みとしては，グローバルには言うまでもなく国連のCOPがある。また2国間協力では2国間オフセット・クレジット制度を提唱して実証研究からスタートし，関心国との間で制度実施のための協議を行ってきており，一部の国とは2国間文書の署名に至っている。しかし，両者をつなぐような地域協力の枠組みが必要なのではないか。それが，この構想の提案に至った基本的な問題意識である。

　東アジアは多様である。外縁としてどこで線引きするかも難しい。東アジア首脳会議（EAS）参加18カ国で括ったとしても，先進国と

第6章 ポスト「リオ・京都体制」を目指して

途上国,米,中,露,印といった大国からシンガポール,カンボジア,ブルネイといった小国まで様々な国々が混在している。多様であるが故に国連では別々の交渉グループに属しており一体感はない。一方,18 カ国で世界全体の CO_2 排出の 63 % を占め,EU27 カ国(12 %)の 5 倍以上に当たる。また,人口増加と経済発展に伴うエネルギー需要増大や都市化など共通の課題を抱えている。貿易投資や人の移動を通じた相互依存度も高い。

要するに,東アジア諸国には多様性の中にも共通の課題があり,かつ世界経済における存在感も増している。にもかかわらず,東アジア諸国の間で環境と経済の調和のためのルールづくりを議論する場は少なく,国連での議論に東アジアの声を反映させるチャネルは無い。それ故,国連での議論が東アジアの多くの国々にとってリアリティのないものになってしまっている。2013 年以降,京都議定書第 2 約束期間の下で排出削減義務を負う国が,EAS 参加国の中で豪州一国のみとなっているのは示唆的である。

東アジアの経済実態に即したルールづくりを進め,国連におけるグローバルなルールづくりにも貢献する。それが重みを増す東アジア諸国の責任であり,日本がその音頭をとる事が自然であると思われたのである。

「東アジア低炭素成長パートナーシップ閣僚級対話」は 2012 年 4 月 15 日に東京お台場で開催された。

野田佳彦総理大臣の冒頭挨拶の後,会議は,玄葉光一郎外務大臣とインドネシアのウィトラール大統領気候変動特使の共同議長により進められた。コペンハーゲン最終日のようなロの字型の席に,中国の解振華国家発展改革委員会副主任やロシアのベドリツキー大統領府顧問,シンガポールのバラクリシュナン環境大臣など,COP で各国代表団長を務める馴染みの顔が揃う。インドネシアのウィトラール特使もバリ COP13 で議長を務めた環境外交のベテランである。米国はルース駐日大使,韓国はヤン・スギル緑色成長委員会委員長が参加。世銀や UNDP,OECD,ADB,JICA,JBIC などもオブザーバー機関として出席した。また,昼食会場では,北九州市や様々な環境技術を有する日本企業より,地方自治体や民間企業の取り組みを紹介してもらった。

コラム⑥

東アジア低炭素成長パートナーシップ閣僚級対話の冒頭セッション（外務省HP）

日本企業関係者から説明を受ける玄葉外務大臣とウィトラール大統領特使（外務省HP）

　今後，この東アジア低炭素成長パートナーシップの枠組みがどう展開し，具体的貢献をなし得るかは未知数である。国連交渉を補完する対話の場や，日本が進める2国間オフセット・クレジット制度への関心国拡大の場として活用し得る。また域内各国の地方自治体や民間企業，研究機関などを巻き込んだ，幅広い官民連携の枠組みに育てていくこともあり得るであろう。

第7章
ポスト「リオ・京都体制」と日本

第7章 ポスト「リオ・京都体制」と日本

はじめに

2012年末で京都議定書第1約束期間は終わった。「マイナス6％」は近年の日本の温暖化対策を特徴づけるキーワードだったが，2013年からは，新たなステージに入る。

本章では，ポスト「リオ・京都体制」に向け，日本が目指すべき新たな国際枠組み像について若干の考察を試みる。また，現在日本が進めているいくつかの取り組みについても紹介したい。現在進行中のものについては，内容が今後変わり得ることに留意願いたい。

新たな国際枠組み像についての考察では，現在行われている，将来枠組みを巡る議論における主要論点に触れる。これらの論点は現行の「リオ・京都体制」の抱える問題点からの教訓に基づく。

なかでも最大の論点は，新たな国際枠組みが「全ての締約国に適用される（applicable to all Parties）」ものであるべきという点である。90年代初頭の国際社会をベースに先進国と途上国に厳格に分ける二分論（dichotomy）が，「リオ・京都体制」の最大の問題点であり，これをいかに克服するかが，コペンハーゲンからカンクン，ダーバンに至る気候変動交渉における最大の課題であったと言える。ドーハの後，その論争は今も続いている。

もう1つの重要論点は，国際枠組みが持つべき「法的拘束力」の問題である。COP16，COP17でそれぞれ焦点になった，京都議定書「延長」問題，将来枠組みの法的性格を巡る問題がこれにあたる。現行「リオ・京都体制」における，先進国のみに数値目標による排出削減を義務づけた京都議定書の根幹が，1つの理念型とされてきたが，実効性確保の観点から，改めて再検討すべきではないか。

第6章で述べた，3つの視点（long term, global, pragmatic）をいかに将来の国際枠組みに織り込んでいくか。この課題に対して日本が提示したのが，「世界低炭素成長ビジョン（Japan's Vision and

はじめに

Actions toward Low Carbon Growth and Climate Resilient World)」である。政策，技術，市場，資金を総動員し，先進国と途上国が連携しながら，世界規模で低炭素成長と強靭な社会の構築を実現していこうという提案である。これは左程目新しい提案ではない。国際社会の長年の課題である「環境と経済の両立」「持続可能な発展」を改めて正面からとらえ直したものである。そして，それが非常に実現困難な課題であることこそが，気候変動交渉を尖鋭化させる，「武器無き戦争」の根本原因（root cause）であることを踏まえての提案なのである。

東アジア低炭素成長パートナーシップ（East Asia Low Carbon Growth Partnership）は，東アジア首脳会議（EAS）参加国の間において，低炭素成長と強靭な社会づくりのための協力を進めるという提案である。世界の CO_2 排出の5大排出国（中国，米国，インド，ロシア，日本）はいずれも EAS 参加国である。EAS 参加国全体では世界の CO_2 排出の60％以上を占める。この地域における低炭素成長の実現無くして世界全体での実効的な排出削減は不可能である。

アフリカにおける「低炭素成長及び気候変動に強靭な開発戦略」づくりの提案も同様な発想に基づく。今世紀半ばにアフリカ大陸の人口は現在の10億人から20億人に倍増する見込みである。今後起こり得る「アフリカの奇跡」を，「アジアの奇跡」よりもグリーンな形で実現するにはどうすれば良いか。それに日本はいかに関わるか。2013年6月に横浜で開催される TICADV（第5回アフリカ開発会議）においても議論される事になろう。

2国間オフセット・クレジット制度（Joint Crediting Mechanism）は，クリーン開発メカニズム（Clean Development Mechanism）など，国連のシステムを補完する新たな市場メカニズムのあり方として日本が提案し，関心国と協議を行ってきたものである。2013年1月には，第1号としてモンゴルとの間で2国間文書が署名された。筆

第7章 ポスト「リオ・京都体制」と日本

者自身，政府間協議の日本側団長として2011年から2012年にかけてベトナム，カンボジア，インドネシア（3回），インド，タイ，ラオス，バングラデシュ，ミャンマー，モンゴルといった国々を訪れた。いずれも経済発展著しいが，国情はそれぞれ異なる。国連交渉の場だけでは実感出来ない点である。実際に相手国を訪れてじっくりと政策協議を行い，環境と経済を両立させる低炭素成長の実現のため日本として何ができるか。官民が連携しつつ，日本自身の成長にもつなげていく発想が求められる。

日本が提案するこれらのイニシアティブを国際場裏で説得力をもって提案していく為には，日本自身による取り組みが不可欠である。京都議定書の下での「マイナス6％」目標は2012年末で終わった。「3／11」の影響を踏まえつつも，切れ目ない排出削減努力を進めるため，2013年以降にいかなる目標を掲げ，実施していくかは重要な課題である。

途上国支援も同様である。これまでの日本の途上国支援は，相手国の開発課題に応えつつ，気候変動交渉における日本の立場を支えてきた。日本企業の海外活動を側面支援する意義もあった。切れ目ない支援を続けることにより，アジアやアフリカ，その他の地域においてこうした好循環を維持，拡大していく必要がある。将来枠組み構築の国連交渉を後押しする意味があることは言うまでもない。

気候変動交渉は「武器無き戦争」，「21世紀の総力戦」である。交渉は今後も続く。しかし，その先にいかなる「戦後秩序」を構築すべきか，試行錯誤を繰り返しながらも具体的な処方箋を世界に提示していくことが，「課題先進国」たる日本の役割であろう。日本にその力は十分にある。

❶ ポスト「リオ・京都体制」のイメージ

　現時点で考え得る，ポスト「リオ・京都体制」のイメージを図示したのが**図表7-1**である。また，現行の「リオ・京都体制」のイメージは**図表7-2**のとおりである。

　このポスト「リオ・京都体制」を考えるにあたって，注意すべきいくつかのポイントは以下のとおりである。

(1) 全ての国に適用される（applicable to all Parties）こと

　最も重視すべき点であるといってよい。現行「リオ・京都体制」

図表7-1　ポスト「リオ・京都体制」のイメージ

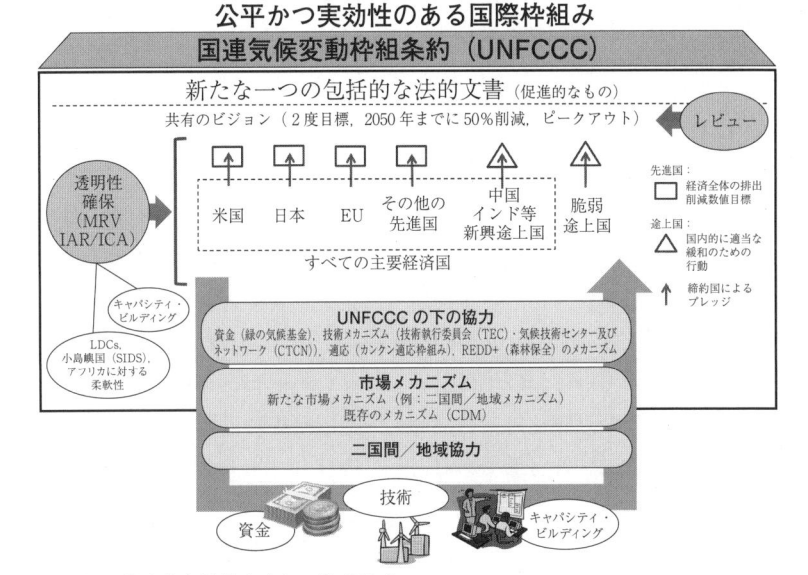

公平かつ実効性のある国際枠組み

国連気候変動枠組条約（UNFCCC）

新たな一つの包括的な法的文書（促進的なもの）

共有のビジョン（2度目標，2050年までに50%削減，ピークアウト）　レビュー

透明性確保（MRV IAR/ICA）

米国　日本　EU　その他の先進国　中国インド等新興途上国　脆弱途上国

すべての主要経済国

先進国：経済全体の排出削減数値目標

途上国：国内的に適当な緩和のための行動

締約国によるプレッジ

キャパシティ・ビルディング

LDCs，小島嶼国（SIDS），アフリカに対する柔軟性

UNFCCCの下の協力
資金（緑の気候基金），技術メカニズム（技術執行委員会（TEC）・気候技術センター及びネットワーク（CTCN）)，適応（カンクン適応枠組み），REDD+（森林保全）のメカニズム

市場メカニズム
新たな市場メカニズム（例：二国間／地域メカニズム）
既存のメカニズム（CDM）

二国間／地域協力

資金　技術　キャパシティ・ビルディング

出典：外務省資料等をもとに筆者作成

第 7 章　ポスト「リオ・京都体制」と日本

図表 7-2　現行「リオ・京都体制」のイメージ

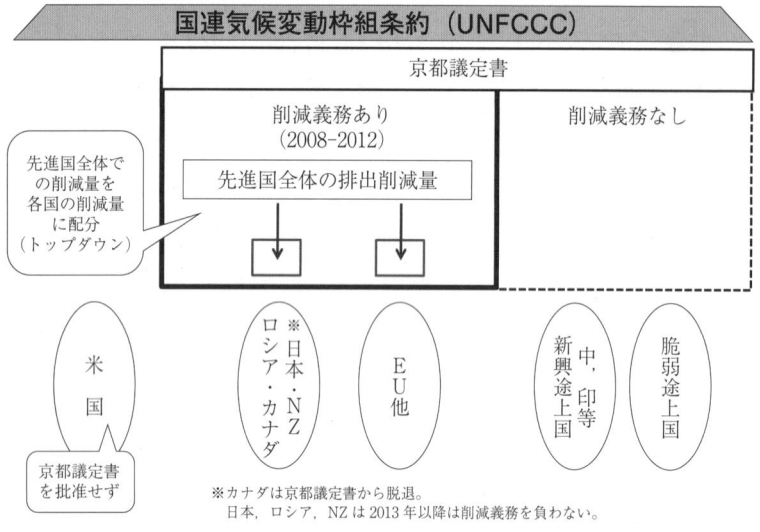

国連気候変動枠組条約（UNFCCC）

京都議定書

| 削減義務あり (2008-2012) | 削減義務なし |

先進国全体での削減量を各国の削減量に配分（トップダウン）→ 先進国全体の排出削減量

- 米国（京都議定書を批准せず）
- ※日本・NZ・ロシア・カナダ
- EU他
- 中・印等新興途上国
- 脆弱途上国

※カナダは京都議定書から脱退。
日本, ロシア, NZ は 2013 年以降は削減義務を負わない。

出典：外務省資料等をもとに筆者作成

の最大の問題点は，1990 年代初頭の国際社会をベースに排出削減義務を負う国と負わない国を厳格に分ける二分論（dichotomy）の構造であった。ダーバン COP17 では，新たな枠組みは「全ての締約国に適用される（applicable to all Parties）」ことが明記された一方，「共通に有しているが差異のある責任」原則については明記されなかった。もちろん，この将来枠組みの策定プロセスも現行の国連気候変動枠組条約の下で（under the Convention）行われる以上，同原則が否定されているわけではない。コペンハーゲン合意においても，各国が提出した温暖化対策目標は，先進国が絶対目標であるのに対し，途上国は効率性目標であるなど，内容もフォーマットも依然として差異はある。

しかしながら，コペンハーゲンからカンクンを経て，ダーバン，

ドーハに至る国際交渉の流れが、先進国と途上国（特に新興国）の温暖化対策を出来るだけ共通の土俵にのせていこうとする方向にあることは明らかである。今後の交渉では、この方向性をさらに後押ししていくべきである。「共通に有しているが差異のある責任」原則も、時代の流れに応じて再定義していく必要がある。こうした方向性はまた、新興国のプレゼンス増大にともなう、他の分野での国際枠組みの再編成の流れ（G20首脳会議の創設や、ブレトン・ウッズ機関における出資比率の見直しなど）にも沿うものである。いかなるグローバル・ガバナンスの構築においても、発言力と責任は表裏一体であることを全ての国が認識する必要があろう。

(2) 法的拘束力 (legally binding) のあり方

気候変動問題を規律する国際枠組みが法的拘束力を持つ (legally binding) べきか否かは、これまでの国際交渉で最も注目され、かつ論争をよんだ点である。現行の「リオ・京都体制」、なかんずく京都議定書の根幹は、先進国に排出削減の数値目標を義務づけたことにある。以来、これが「法的拘束力のある枠組み」の理念型とされ、いかにこの理念型を絶やさないか (legal gap を生じさせないか) がここ数年の国際交渉における一大争点となった。COP17でも、将来枠組みの性格が法的拘束力を持つものか否かは、最後まで重要な争点となった。引き続き重要な論点であることは間違いない。が、少し冷静に考える必要もあると思われる。図表7-1において、「新たな1つの包括的な法的文書」とのみ記してあるのは、将来枠組みの法的性格は、国際交渉における各国の動向をみつつ、出来るだけオープンに検討されるべきとの問題意識からである。

そもそも、何のための法的拘束力かを冷静に考える必要があろう。法的拘束力は、国際枠組みの実効性確保の重要な要素の1つではあっても、唯一絶対のものではない。法的拘束力が無くても相当程

第7章 ポスト「リオ・京都体制」と日本

度の実効性が確保される国際枠組みは存在する。国際業務に従事する各国の銀行の自己資本比率を規制するバーゼル合意や，輸出信用や開発援助等の分野で加盟国の行動を規律するOECDのガイドラインはその一例である。これらの枠組みでは，法的拘束力よりも，銀行の健全性に関する市場の評価や，加盟各国間のピアプレッシャーが，これら国際枠組みの実効性を担保しているといえる。逆に法的拘束力が規定されていても，想定された実効性は確保できない例もある。京都議定書に署名したものの批准を行わなかった米国や，批准したものの結局脱退したカナダはその最たる例である。

気候変動問題を規律する国際枠組みにおいて法的拘束力を指向する議論としては，それが各国の温暖化対策に対する予見可能性を強化し，炭素市場への信頼性を支えるといった議論がある。各国の金融政策のみならず財政政策，銀行監督制度をも統合することで単一通貨の信認を確保しようとするユーロを巡る議論と似たところがある。しかし，ユーロ維持の為の各種政策と同様，各国の温暖化政策の予見可能性は，結局それらの政策の妥当性，国民一般における受容度などに左右され，国際的に法的拘束力を受けるか否かの影響は限定的なのではないだろうか。

これまでの国際交渉における法的拘束力を巡る議論は，実効性確保の手段としての法的拘束力の有効性を冷静に論ずるというよりは，法的拘束力そのものが自己目的化しているきらいがある。あくまで将来の国際枠組みの構成要素の1つとして，その役割を過大評価も過小評価もせず，他の要素とバランスをとった形で検討すべきである。その際，法的拘束力の対象は何か（京都議定書のような絶対的数値目標の達成か，政策・措置の実施か，報告か），法的効果はどうあるべきか（不遵守の結果はどのようなものにすべきか），いかなる法形式で規定すべきか（条約又は議定書によるのか，国際的にはCOP決定にとどめ各国国内法に委ねる形にするか）といった個別論点を，あくま

で実効性確保の観点から検討するべきである。

(3) 透明性 (transparency)

適切な現状把握なくして対策が取り得ないのは、温暖化対策も例外ではない。先進国、途上国問わず、各国の温暖化対策の透明性を高めるための「測定、報告、検証」(MRV)の仕組みや、それを国際的な協議の対象にする仕組み（ICA／IAR）は、コペンハーゲン合意以来、徐々に整えられてきた。法的拘束力の問題に比べて地味だが、重要なインフラである。現状把握の後にはじめて、対策のための国際的支援、資金、技術の動員も可能になるからである。先進国は、透明性向上のための途上国のキャパシティビルディングを支援すべきであるし、途上国は自らの温暖化対策の透明性を高めることこそが国際支援を呼び込むカギであると認識すべきである。

(4) 長期目標との整合性の確保

気候変動問題が長期的課題である以上、長期的視点は不可欠だが、それはより遠い将来に対する様々な不確実性を勘案しなくてはならないことを意味する。現在、2050年における世界の目指すべき姿として、国連では「2度目標」、これに加えてG8など先進国間では「世界半減、先進国80％削減」が概ね共有されているが、そうした長期目標を視野におきつつ足下の政策を進めていくこと、また長期目標についても、最新の科学的知見を踏まえながら、レビューしていくことが重要である。しかし、具体的にいかなるメカニズムが現実的かについては、今後、さらなる検討が必要である。

(5) 重層的構造 (multi-layered structure)

前章で述べたとおり、国際枠組みについては、グローバル、リージョナル、バイラテラルな仕組みの間で相互補完性がある。あらゆるレベルで各国の気候変動対策を促すことが望ましい。同様に、国

内的にも国（ナショナル）のみならず，地方自治体（ローカル）や民間セクターの関与を得ることが重要である。

(6) 資金，技術，市場の総動員による実際的協力の推進

従来の国連交渉では，資金にせよ技術にせよ，先進国が途上国に提供すべきものとの文脈で語られることが多かった。産業革命以来の排出責任等に基づく先進国の「義務」履行という発想であり，市場や民間セクターの役割は二義的，限定的にとらえられてきた。国連気候変動枠組条約，京都議定書の関連規定にも，そうした発想は色濃くみられる。

しかしながら，従来の発想のままで，今後増大する一方の気候変動対策に十分な資金，技術が動員できるとは思えない。コペンハーゲン合意では途上国支援に関し，公的資金による「短期資金」（2010年〜12年の3年間で300億ドル）と，民間資金を含む様々な資金源からの「長期資金」（2020年までに毎年1000億ドル）という2つの性質の異なる目標を設定した。これは将来における市場や民間セクターの役割を重視する新たなアプローチに立ったものだが，「1000億ドル」という数字のみが一人歩きして，公的資金中心の従来の発想のままでその実現可能性が云々され，議論の混乱を招いているきらいがある。

公的資金は引き続き重要だが，先進国の「義務」履行の発想のみにとらわれず，民間セクターによる低炭素関連インフラへの投資を世界規模で促していくことが重要である。国際枠組みもそのような観点から制度設計されるべきである。先進国から途上国への資金，技術，キャパシティ・ビルディングの流れをあらゆるチャネルで太くする必要があり，適切に設計された市場メカニズムはその重要なパイプとなり得る。

次で紹介する，日本が提唱している「世界低炭素成長ビジョン」

は，まさにこうした発想に基づくものである。

❷ 日本の提案：「世界低炭素成長ビジョン」

　将来枠組みの構築に向けた国連交渉への取り組みとあわせ，日本が提案し，様々な形で具体化を進めているのが，「世界低炭素成長ビジョン」である（図表7-3参照）。

　これは，国連交渉における新たな法的枠組みの構築と並行して，より実際的な地球温暖化対策として，技術，市場，資金を総動員しながら，世界全体をCO_2排出を増やさない形での経済成長，「低炭素成長」に導いていこうというものである。大きく分けて，
- 先進国間の連携による低炭素技術革新
- 低炭素技術普及促進のための市場メカニズムの構築
- 脆弱国への配慮

を3つの柱として具体的施策の方向性を示している。

　このビジョンの根底にあるのは，前章で触れた3つの視点（長期的，グローバル，実際的）である。より敷衍して言えば，以下の通りとなる。
- 今後40年間でアジア・アフリカを中心に人口がさらに20億人増える中，全ての人々の需要を満たすために不可欠な持続可能な経済成長を，CO_2排出を抑えながら実現するには，省エネ，クリーンエネルギーなど，様々な低炭素関連インフラへの世界規模での投資が不可欠である。
- この低炭素関連投資では，既存技術の迅速な普及と，長期的観点からのブレイクスルーを促す技術革新の両面が重要である。そのための国際連携を促すような制度構築を目指すべきである。

第7章 ポスト「リオ・京都体制」と日本

- 低炭素関連投資（緩和）と並んで，脆弱国における「強靭な社会」構築のための投資（適応）を重要な柱と位置づけるべきである（この点は，「世界低炭素ビジョン」の英語名称（"Japan's Vision and Actions toward Low Carbon Growth and Climate Resilient World"）により明確に現れている）。

この「ビジョン」の下でのいくつかの具体的取り組みについては，次項で紹介することとしたい。

図表7-3 世界低炭素成長ビジョン（概要）（平成23年11月29日発表）

世界低炭素成長ビジョン〜日本の提言
Japan's Visionand Actions toward Low Carbon Growth and Climate Resilient World

　実効的な気候変動対策のためには，先進国，途上国が連携して，技術，市場，資金を総動員し，官民一体となって世界低炭素成長を実現すべき。

　このための具体的な取組として，日本は以下の3つのアプローチにより，率先して取り組むとともに，国際社会で取り組むよう積極的に働きかける。

1．先進国間の連携：更なる排出削減に向けた技術革新への取組

◆低炭素社会へ移行していくには，既存の低炭素技術の利用などを推進するとともに，長期的な視野に立った技術革新の取組が不可欠。

➢ 太陽電池の更なる低コスト・高効率化など，革新的な技術開発に向けた連携
➢ 国際エネルギー機関（IEA），国際省エネルギー協力パートナーシップ（IPEEC）及び国際再生可能エネルギー機関（IRENA）など既存の国際枠組みを活用した国際連携
➢ 「いぶき」等の地球環境観測衛星による観測態勢の構築

2．途上国との連携：低炭素技術の普及・促進，新たな市場メカニズムの構築

◆先進国の低炭素技術・製品を速やかに普及させる仕組みを官民一体で構築し，今後，経済発展に伴い温室効果ガスの排出増が見込まれる途上国において，排出削減と経済成長を両立させる低炭素成長を実現することが重要。
◆この一環として，CDMのさらなる改善，新たな市場メカニズムの具体化に向け二国間協力（二国間オフセット・クレジット制度）や地域協力をさらに推進していく。

➢ 低炭素成長モデルの構築に向けた我が国の技術・経験の共有と政策対話・協力
　－日中韓サミット

2 日本の提案:「世界低炭素成長ビジョン」

- グリーンメコン等の地域間協力
- インドネシアをはじめとする二国間協力
- グローバル・グリーン成長研究所（GGGI）との協力
- 東アジア首脳会議（EAS）の下での地域間協力（東アジア低炭素成長パートナーシップ構想），来年4月に国際会議を東京で開催。

➢ 東アジアにおける研究機関間のネットワークの構築等，科学的側面からの協力
➢ クリーン開発メカニズム（CDM）の改善と新たな市場メカニズム（二国間オフセット・クレジット制度）の具体化に向けた協力
- 28カ国との間での実現可能性調査の実施
- アジア諸国をはじめとする途上国との間の政府間協議
- 2013年からの運用開始を目指し，モデル事業の実施，キャパビル及び共同研究の推進

3．途上国支援：脆弱国への配慮

(1) 我が国のコミットメント
➢ 2012年までの短期支援の着実な実施
- 2011年10月末時点で，125億ドル規模の支援を実施済み。今後も着実に実施していく。
- 世銀等と連携しつつ，太平洋島嶼国の自然災害リスク保険の開設に向けた検討，小島嶼国に対する低炭素型社会への移行支援の実施など脆弱国向け支援を重視
➢ 2013年以降も，脆弱国を重視し，国際社会とともに切れ目なく支援を実施することが重要。
- 緑の気候基金の制度設計プロセスへの貢献
- 世銀を通じたアフリカ向けの制度・能力強化の支援（レディネス・サポート）

(2) 支援の重点事項
➢ 適応分野に対する十分な配慮
- 途上国が重視する，防災，水及び食料安全保障分野等の適応支援を継続
- アジア太平洋気候変動適応ネットワーク（APAN）を通じた，適応に関する情報・知識の共有
➢ 官民連携の強化：民間資金呼び込みのための効率的な仕組の構築
- JICA，JBIC，NEXI，NEDO等のリソースを活用した，民間との協調融資・協力の推進
- BOPビジネスの事業化に向けた努力
- 経済ミッションの派遣など民間レベルの対話を支援
➢ 低炭素成長に向けた支援及び脆弱国との政策対話の強化
- アフリカ開発会議（TICAD）を通じた，アフリカ低炭素成長戦略の策定（来年10月の世銀・IMF総会にて最終報告書を公表予定）
- 3L（Lighting（電化支援），Lifting（産業基盤整備），Linking（通信網整備））プロジェクトの実施
- アフリカ諸国をはじめとする脆弱国との政策対話の実施
➢ 人材育成の重視
- 人材の能力開発支援の実施（2010年には約3,000人実施）

出典：日本政府資料

第7章 ポスト「リオ・京都体制」と日本

❸ 日本の取り組み(1)：東アジア低炭素成長パートナーシップ

　これは，東アジア首脳会議（East Asia Summit）の枠組みを活用して，温暖化対策の実際的な地域協力を進めるために日本が提案したものである。

　背景には，世界と日本にとってのこの地域の重要性があげられる。EAS参加国18カ国は世界の成長センターであるとともに，最大の温室効果ガス排出地域でもある。2009年時点で，18カ国全体のCO_2排出は世界全体の排出の約63％を占め，これは1990年時点の約56％から7％ポイント増になっている（**図表7-4**）。様々な将来予測によれば，2050年には，世界のGDP上位10カ国のうち6カ国がEAS参加国（中国，米国，インド，日本，ロシア，インドネシア）となり，CO_2排出における比重も同様になると思われる。今後もGDPとCO_2排出の両面で，EAS参加国の存在感は高まるであろう。日本にとっても，政治経済面で結びつきが深いこの地域の重要性は言うまでもない。

　現行の「リオ・京都体制」では，これらの国々は元々排出削減義務を負っていないか（中国，米国，インド，インドネシア，韓国等），2013年以降は京都議定書の下での排出削減義務を負わなくなった国々（日本，ロシア，ニュージーランド）が大半である。これら主要排出国が入らない将来枠組みはいくら精緻なものであっても世界規模の対策にはつながらない。将来枠組みは，この地域での実質的な温暖化対策，低炭素成長を後押しするものとなるべきである。

　このような問題意識の下，2011年の東アジア首脳会議での日本からの提案を受けて，2012年4月に東京で閣僚級対話が開催された。日本の玄葉光一郎外務大臣と，インドネシアのラフマト・ウィト

230

3　日本の取り組み(1)：東アジア低炭素成長パートナーシップ

図表7-4　EAS参加国のCO$_2$排出量シェアの推移（1990年〜2009年）

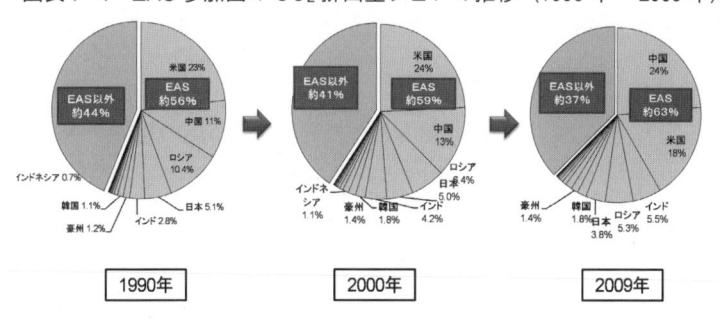

1990年: EAS以外 約44%, EAS 約56%, 米国23%, 中国11%, ロシア10.4%, 日本5.1%, インド2.8%, 豪州1.2%, 韓国1.1%, インドネシア0.7%

2000年: EAS以外 約41%, EAS 約59%, 米国24%, 中国13%, ロシア6.0%, 日本5.0%, インド4.2%, 韓国1.8%, 豪州1.4%, インドネシア1.1%

2009年: EAS以外 約37%, EAS 約63%, 中国24%, 米国18%, インド5.5%, ロシア5.3%, 日本3.8%, 韓国1.8%, 豪州1.4%

東アジアサミット（EAS）参加国（18か国）：ブルネイ, インドネシア, カンボジア, ラオス, ミャンマー, マレーシア, フィリピン, シンガポール, タイ, ベトナム, 豪州, 中国, インド, 日本, 韓国, NZ, ロシア, 米国

出典：IEA(2011)CO2 Emission from Fuel Combustion

出典：外務省資料

ラール大統領特使兼国家気候変動評議会執行議長が共同議長を務め，EAS参加18カ国の閣僚級と，オブザーバー9機関の代表が参加し，活発な議論が行われた。議論の結果まとめられた共同議長サマリーのポイントは以下のとおりである（**図表7-5**）。

- 各国がそれぞれの低炭素成長戦略を策定，実施することが重要であり，特に発展途上国による低炭素成長に向けた努力を支援するために，地域内で資金，人的，知的資源を動員すべき。
- 低炭素成長実現のうえでは，技術の役割が重要。先進国は技術革新を主導し，発展途上国における低炭素技術の発展を促進していく必要がある。また，優れた低炭素技術と製品の普及には，市場の活用も効果的な方法の1つ。
- 政府，地方自治体，国際機関，大学，研究機関，民間企業，NGOといった様々なステークホルダーが協働することが重要。低炭素成長と適応に関連した知見，経験を共有し，政策形成過程にインプットする，開放的，多層的で柔軟なネットワークと

第7章 ポスト「リオ・京都体制」と日本

して,「東アジア低炭素成長ナレッジ・プラットフォーム」を構築(**図表7-6**)。

同会合では,多くの国々から,この東アジア低炭素成長パートナーシップが継続的な取り組みとして発展する事への期待が寄せられた。また,次回会合は2013年,日本とカンボジアの共同議長により開催することも決まった。将来枠組みを構築する国連交渉を横目で見つつ,このパートナーシップが国連交渉に積極的なインプットを行っていくことが期待される。

日本は元々この地域で豊富な支援実績を有するが(**図表7-7**),今後特に注目すべき分野として,都市化(urbanization)の問題への対応があげられる。アジア各国の都市化の傾向は著しい。北京,ジャカルタ,バンコク,ハノイ,プノンペン,ウランバートルなど,過去10数年間に筆者自身が幾度か訪れた都市の変わりようを見ても,それは実感できる。昭和30年代〜40年代に日本が経験したことが各地で同時並行的に起きているようなものである。電力,交通,建造物,水,廃棄物処理,リサイクル,防災など,都市機能を支えるソフト・ハード両面のインフラをいかに効率的なものにし,スマートシティを構築していくかは,この地域の低炭素成長の実現にとってカギとなるのではないか。日本の官民が連携して,この問題への対応を日本のビジネス・チャンスに変えていくか。これが東アジア低炭素成長パートナーシップの重要な役割になると思われる。

3 日本の取り組み(1)：東アジア低炭素成長パートナーシップ

図表7-5　東アジア低炭素成長パートナーシップのイメージ図

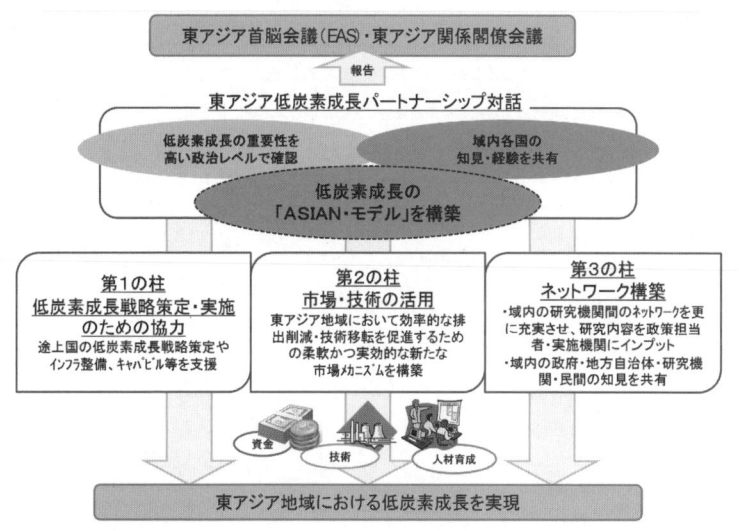

出典：外務省資料

図表7-6　東アジア低炭素成長ナレッジ・プラットフォーム・イメージ

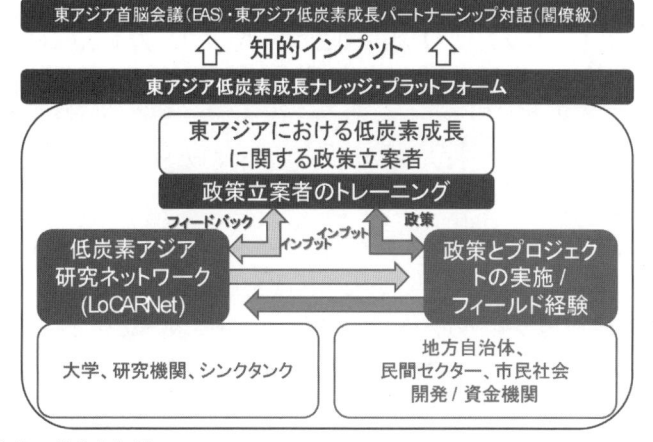

出典：外務省資料

第7章 ポスト「リオ・京都体制」と日本

図表7-7 東アジアにおける日本の支援実績

(実績)我が国の取組～東アジア地域における低炭素成長の実現に向けて

気候変動対策に関する2012年までの途上国支援(短期支援)として、東アジア地域に102億ドル以上の支援を実施(2012年10月末時点)。今後も、東アジア地域の低炭素成長の実現に向けて、有償・無償・技術協力・OOFや民間資金などの多様なスキームを活用。

防災対策
○気候変動の影響に伴う洪水や早ばつ、台風等自然災害に対処するための能力を強化。
- **自然災害対処能力向上計画**
  カンボジア、ラオス、フィリピン、ベトナム、インドネシアで実施。メコン諸国の洪水対策に多大に貢献。
- **台風後のインフラ復旧計画**
  フィリピンにて台風オンドイ・ペペンの被害が深刻な場所で、洪水制御施設や道路・橋梁等のインフラ修復や補強を実施。
- その他、ベトナムにて衛星情報を活用した気候変動対策の推進や、カンボジアにて洪水被害抑制のため配水管の敷設等を実施。

再生可能エネルギー
○太陽光・地熱・水力などの再生可能エネルギーの導入を促進する。
- **太陽光発電導入**
  カンボジア、ラオス、フィリピンで実施。
- **水力発電** ベトナムの水力発電を建設するプロジェクトに、貿易保険を活用して官民協力して実施。
- その他、インドネシアの地熱発電やインドの再生可能エネルギー開発公社(IREDA)との協力等を実施。

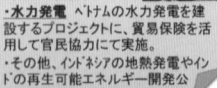

REDD＋(森林対策)
○持続可能な森林利用及び保全のため、森林資源の把握、森林管理計画の策定、植林等を支援。
- **森林保全計画**
  カンボジア、ラオス、ベトナム、タイ、インドネシアで実施。
- その他、フィリピンにて住民参加型の森林管理計画やベトナム、インド、中国等での植林計画等を実施。

省エネルギー
○省エネ設備の導入を推進するとともに、ソフト面の技術協力等を実施。また、都市化が進む諸国では低炭素型都市を目指した協力も実施。
- **省エネ技術協力**
  ベトナム、インドネシア、インド、中国、シンガポール等で省エネ法・基準の導入等ソフト面の協力を実施。
- **超高効率な火力発電所の導入**
  インドネシアにてクリーンコール技術を活用した石炭火力発電設備の建設事業への支援を実施。
- **都市対策**
  タイやベトナムにてメトロの導入に向けた支援を実施。タイでは民生ビルの省エネ、ベトナムではスマートグリッド、中国では都市交通対策等、各地域にて都市対策に関する協力が進んでいる。
- その他、JBICのGreen(地球環境保全業務)等のスキームを活用して、省エネ・環境協力を実施。

出典：外務省資料

❹ 日本の取り組み(2)：アフリカにおける低炭素成長・気候変動に強靱な開発戦略

　地球温暖化対策において、アジアと並ぶ重要地域がアフリカである。

　国際政治における多数の国々を抱えるアフリカの重要性はもとより言うまでもない。アフリカ大陸には54カ国、EU（27カ国）の2倍、EAS（18カ国）の3倍の国々があり、国連交渉における発言力は大きい。しかし、ここでは環境面に直結する点に焦点をあてたい。

　まず、今後40年間で予想される世界の人口増約20億人の半分がアフリカで見込まれるということである。アフリカの人口は、現在

4　日本の取り組み(2)：アフリカにおける低炭素成長・気候変動に強靱な開発戦略

の約10億人から約20億人に倍増すると見込まれている。現在の世界人口は約70億人から約90億人になる見通しであることから，「世界全体の7人に1人がアフリカ人」から「5人に1人強がアフリカ人」になるわけである。

　次に，この地域の開発ニーズがきわめて高いということである。アジアに比べても経済発展段階が低い国々が多いことから，「伸びしろ」がある。保健，水，防災，食料，インフラ整備などあらゆる分野での開発ニーズは高い。過去数十年にアジアで起きた奇跡が，これからの数十年にアフリカで起きる可能性がある。それは基本的には好ましい，後押しすべき流れであろう。

　問題は，人口が倍増し，開発ニーズが満たされ発展するアフリカでは，エネルギー利用の増大とCO_2の排出増も起きるということである。開発面で望ましい動きが，環境保全・気候変動対策上も望ましいとは限らない。また，経済規模，CO_2排出規模におけるアフリカの比重が未だ小さいからといって将来もそうであるとは限らないのは，中国，インドを含むアジア各国の過去数十年の軌跡をみれば明らかであろう。経済発展と環境保全をいかに調和させるかは今は脆弱国が多数を占めるアフリカにとっても他人事ではないのである。

　このような問題意識から，日本はアフリカ開発会議（TICAD）プロセスにおいて，低炭素成長・気候変動に強靱な開発戦略を策定していこうという提案を2011年の第3回TICAD閣僚級会合で行った。人間の安全保障の理念に基づき，インフラ整備等による経済発展から，ミレニアム開発目標（MDG）達成など，幅広くアフリカ諸国への支援を行ってきた日本ならではの提案である。アフリカ諸国や世銀，国連開発計画（UNDP）などとの協議を重ね，COP17で戦略骨子を発表，2012年5月の第4回TICAD閣僚級会合で中間報告を紹介した。その主なポイントは以下のとおりである。

第 7 章　ポスト「リオ・京都体制」と日本

- アフリカ諸国は，国際社会の支援を活用しつつ，「気候変動に強靱な（climate resilient）」経済成長を目指すとともに，再生可能エネルギー分野を含むグリーン成長により，成長を加速することが重要。
- アフリカでのグリーン成長推進においては，適応と緩和の統合，オーナーシップの強化，官民連携，開発パートナー間の調整の観点が重要。
- エネルギー，農業，森林，水，防災，運輸など個別セクターでの取り組み（グッドプラクティスの紹介など）
- 分野横断的課題（キャパビル，資金調達，市場メカニズム活用，広報強化など）

2012 年 10 月の東京での世銀 IMF 年次総会や，COP18 では，このグリーン成長戦略関連のサイドイベントが開催された。2013 年 6 月の第 5 回アフリカ開発会議（TICADV）に向けて，この戦略を完成させていくことになる。COP18 でソウルに事務局を置くことが決まった緑の気候基金など，国際支援のリソースがアフリカに流れる際の重要な指針となることが期待される。この戦略づくりを主導する日本としても，環境と開発を両立させた形でのアフリカ支援策を打ち出していく必要がある。

❺ 日本の取り組み(3)：2 国間オフセット・クレジット制度

世界全体で低炭素成長を実現していくためには，省エネ，再生可能エネルギーなどの低炭素技術を活用するインフラへの投資を世界全体で促進していく必要がある。エネルギー効率の水準が低いが，

5　日本の取り組み(3)：2国間オフセット・クレジット制度

エネルギー需要増大が見込まれる途上国において特にその必要性は高く、これらの国々において低炭素関連インフラへの投資が十分かつ速やかに行われるか否かは、今後数十年の経済成長とCO_2排出の方向性を左右する決定的に重要な要素であると言ってよい。限られたリソースを世界規模で効率的・効果的に活用していくうえでも、途上国への低炭素関連インフラへの投資は重要である。先進国であれ途上国であれ、どこで排出されても1トンあたりのCO_2のもつ温室効果は科学的には同じだが、同じ1トンの排出削減にかかる費用はエネルギー効率の低い途上国の方が先進国よりも安い。逆にいえば、同規模の投資をした場合には先進国より途上国での方がより大量のCO_2排出を削減することができる。先進国の技術・資金を、途上国での低炭素関連インフラへの投資につなげていくための制度構築が不可欠な所以である。

京都議定書に規定されている「クリーン開発メカニズム（CDM）」は、元来そのような性格をもっていた。先進国が途上国において実施したプロジェクトを一定の方式で評価して、当該プロジェクトの実施によるCO_2排出削減を認定し、それを先進国の排出削減約束の達成手段と認めることで、先進国から途上国への投資インセンティブを生み出そうとしたのである。

しかしながら、CDMはこれまでのところ、成果を十二分に出してきたとは言い難い。対象となる低炭素技術が限定されているとか、プロジェクトが認定されるための手続きが厳格過ぎるとか、特定の大口排出国にプロジェクトが集中しており途上国全般が裨益していないとか、技術的理由はいろいろ挙げられる。しかしながら、最大の問題点は、「CO_2排出削減は先進国が自国内で行うべき」との発想にとらわれて、市場メカニズムであるCDMに二義的な役割しか与えず、世界全体での低炭素投資促進という、CDMが持ちうるポテンシャルを十分に発揮できていないところにあると思われる。グ

図表7-8　気候変動に取り組む新しい手段としての2国間オフセット・クレジット制度

2008〜2012

◆現在日本は、京都メカニズムにおけるクレジット取得と共に国内の取組(温室効果ガス削減及び炭素吸収)を通じて京都議定書第一約束期間の目標達成に向けて最大限の努力をしている。

- 排出削減
- 吸収源
- 京都メカニズム

2013〜

◆2013年以降も日本は引き続き排出削減に取り組んでいく。具体的な目標については、現在国内的に検討されている。
◆二国間オフセット・クレジット制度は京都メカニズムを補完し、2013年以降の日本の目標を達成する上で効果的な手法となる。日本は京都議定書第二約束期間に参加しないが、京都議定書の締約国であり続け、2013年以降の目標を達成するために京都メカニズムの使用を続ける。

- 排出削減
- 吸収源
- 京都メカニズム
- 二国間オフセット・クレジット制度

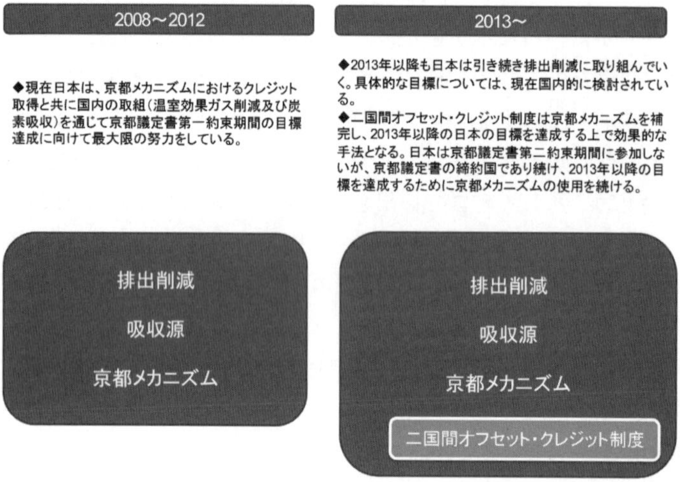

出典：日本政府資料

ローバルな枠組みであるCDMをより使い勝手の良いものにしていく必要がある。

　一方、先進国、途上国とも低炭素投資ニーズは様々であり、対象案件の認定を国連のCDM理事会に委ねる中央集権的な枠組みだけでは、世界規模での低炭素投資を十分に進めることはできない。CDMとの関係性を保ちながら、地域や個別国の実情に応じた低炭素投資を実現するような補完的枠組みを重層的に構築していくことは十分な合理性がある。日本としても、2013年以降の切れ目ない排出削減努力をより高いレベルで行えるようになる（図表7-8参照）。これが、日本が提唱する「2国間オフセット・クレジット制度」の基本的考え方である。

　この「2国間オフセット・クレジット制度」については、第2章、

5　日本の取り組み(3)：2国間オフセット・クレジット制度

図表7-9　2国間オフセット・クレジット制度のスキーム図

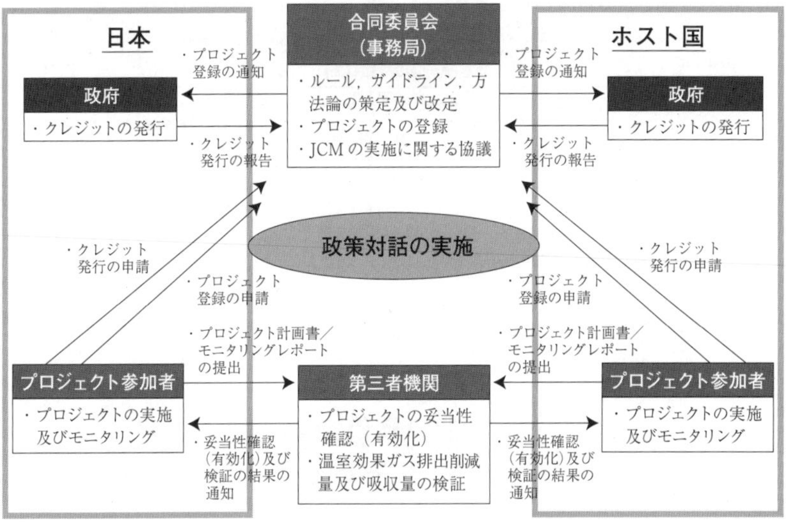

出典：日本政府資料

第3章で述べた通り，対象候補国・分野において実証事業を実施するのと並行して，アジアを中心とするいくつかの国々との間で政府間協議を行ってきた。これまでに，インドネシア，メコン諸国（ベトナム，カンボジア，タイ，ラオス，ミャンマー），インド，バングラデシュ，モンゴルといった国々と協議を行ってきているほか，その他の関心国にも随時情報提供を行っている。2012年度からは，従来の実証事業に加え，同制度の運用に際して用いる方法論を固める為の「MRV実証事業」を実施しつつ，2013年度からの運用開始を目指して，政府間協議をさらに進めてきている。

日本が提案する2国間オフセット・クレジット制度の基本的仕組みは**図表7-9**のとおりである。現行の国連CDMの仕組み（**図表7-10**）と比較すると，

第7章　ポスト「リオ・京都体制」と日本

図表7-10　クリーン開発メカニズム スキーム図

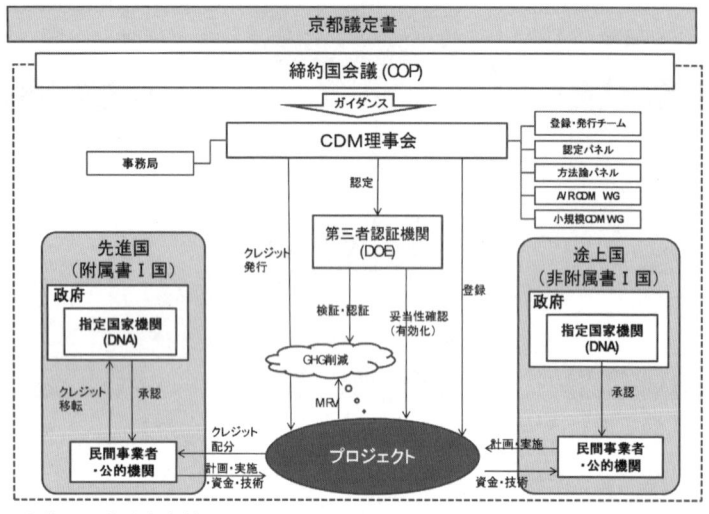

出典：日本政府資料

図表7-11　2国間オフセット・クレジット制度と CDM の比較

(今後さらなる検討が必要)

	2国間オフセット・クレジット制度	CDM
ガバナンス	- 分権的 （各国政府，合同委員会により大きな責任）	- 中央集権的 （CDM 理事会が大きな責任）
対象セクター／プロジェクトの範囲	- より広範な対象範囲	- 特定セクターは実施するのが困難 （例：超々臨界石炭火力発電）
対象プロジェクトの適格性判断基準	- 簡素なアプローチの提唱 ✓「ポジティブ・リスト」 ✓「ベンチマーキング」等	-「追加性」アプローチ （対象プロジェクトの実施にとりCDM が不可欠であることの証明が厳格に問われる。）

出典：日本政府資料

5 日本の取り組み(3)：2国間オフセット・クレジット制度

- 国連CDM理事会ではなく、当事国政府代表からなる合同委員会を中心とした簡素な意思決定の体制とし、各国政府の責任により迅速な実施を可能とする仕組みであること、
- 幅広い低炭素技術、分野を対象としていること、
- 対象プロジェクトの実施により見込まれるCO_2の排出削減量を測定するに際して適用する方法論をより簡便なものとすること、

などを特徴としている（図表7-11）。

いずれも、低炭素成長のための膨大な投資ニーズがある途上国において投資が促進されるよう、実際的な考慮がベースになっている。もちろん、CDMなど類似制度との間で重複利用（ダブルカウンティング）の防止や、独立した第三者機関の活用、実施状況の報告など、透明性、環境十全性にも配慮した制度設計を想定している。また、本制度が機能するための途上国側のキャパシティビルディングを重視している。

何より特筆すべきは、日本と相手国との政策対話に重きをおいていることである。いかなる低炭素関連投資、キャパシティビルディングが必要かは、国毎に異なる。それは「途上国」と一括りにされる国連交渉の会議場では決して見えてこない。実際にその国に行って現地の事情に触れつつ、相手国関係者との間でじっくり協議をすることで、その国にあった協力の方向性も見えてくるのである。図表7-12にあるとおり、省エネ、再生可能エネルギー、森林保全、公共交通システム、水、廃棄物処理など様々な分野で、日本は貢献できる。日本の官民が果たせる役割は大きい。

現行のCDMの改善や、この2国間オフセット・クレジット制度の提案を含め、低炭素成長のための投資促進の仕組みづくりはまだ歴史が浅い。何より、地球温暖化対策には低炭素技術の普及をもたらす民間投資の役割が重要であり、投資促進に即した実際的な形で

第7章 ポスト「リオ・京都体制」と日本

図表7-12　2国間オフセット・クレジット制度の下でのあり得べき協力分野

省エネ	高効率石炭火力発電，天然ガス複合火力発電，送配電網の高効率化，鉄鋼・セメント生産過程の省エネ化，工場・ビル・住宅の省エネ化，省エネ家電の普及など
再生可能エネルギー	地熱発電，小規模水力発電，風力発電，太陽光発電，バイオマス発電（バイオディーゼル，メタン回収等）など
森林保全	泥炭地対策，バイオマス（残材利用），政府機関の能力強化，生態系保全・住民生活改善と連携した排出削減など
公共交通システム	大量高速輸送機関（MRT）や低燃費バスへのモーダルシフト，エコドライブ支援管理システム導入支援など
水	海洋深層水利用，節水型シャワー普及など
廃棄物処理	一般廃棄物のコンポスト化など

出典：経産省資料，環境省資料をもとに筆者作成

市場メカニズムを構築していくとの発想自体に対し，環境原理主義的考えからの抵抗感も根強い。具体的成果を出しながら，幅広いコンセンサスを作っていく事が重要である。

❻ 日本の取り組み(4)：切れ目ない排出削減と途上国支援

前述の世界低炭素成長ビジョンの下での様々な取り組みを具体化するうえで，日本自身の取り組みが重要なのは言うまでもない。特に，2013年以降も切れ目なく，日本が排出削減努力と途上国支援を行っていくことは，新たな枠組みについての日本の考えを説得力をもって国際社会に浸透させていくうえできわめて重要である。

(1) 排出削減目標

排出削減については，まず，2012年末までの京都議定書第1約束期間における「マイナス6％」の目標達成に向けた努力を継続す

242

6 日本の取り組み(4)：切れ目ない排出削減と途上国支援

図表7-13　我が国の温室効果ガス排出量

2011年度における我が国の排出量は、基準年比＋3.6％、前年度比＋3.9%
森林吸収量の目標※1と京都メカニズムクレジット※2を加味すると、
京都議定書第一約束期間の4カ年平均（2008～2011年度）で基準年比−9.2%

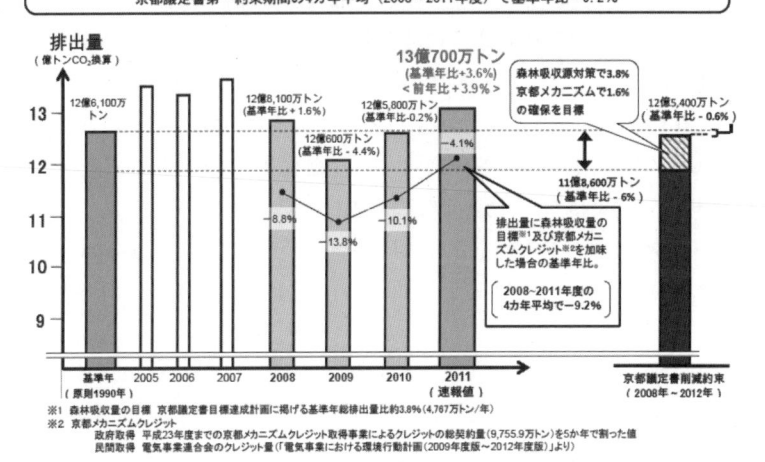

※1　森林吸収量の目標　京都議定書目標達成計画に掲げる基準年総排出量比3.8%（4,767万トン/年）
※2　京都メカニズムクレジット
　　政府取得　平成23年度までの京都メカニズムクレジット取得事業によるクレジットの総契約量（9,755.9万トン）を5か年で割った値
　　民間取得　電気事業連合会のクレジット量（「電気事業における環境行動計画（2009年度版～2012年度版）」より）

出典：環境省資料

ることが重要である。今後，2012年の実績値を2014年前半までに確定させ，2015年までに京都議定書の下での遵守手続きがとられることが予定されている。

これまでのところ，2008年から2011年までの4年間の実績は，国内排出削減，森林吸収源，海外クレジット取得をあわせ，年平均でマイナス約9.2％であり，まだ「貯金」がある状況である（図表7-13参照）。もっとも，これは2008年のリーマン・ショック後の景気後退によりエネルギー需要，CO_2排出が下がっている要因が大きい。一方，東日本大震災後の原発停止により，電力供給を火力発電で代替したため，2011年のCO_2排出は1990年比3.6％増に上昇した。

最終的に「マイナス6％」目標が達成できるか否かは，2012年

243

第7章 ポスト「リオ・京都体制」と日本

における経済状況とエネルギー需要，原発の火力代替，省エネ，再生可能エネルギーの伸びなどが数値にいかに出て来るかに左右されるため，予断を許さない。しかし，最大限の努力を行うことは，気候変動対策に取り組む姿勢に変わりはないとの日本の主張が説得力を持つうえできわめて重要であろう。

2013年以降の排出削減目標の設定も重要な課題である。2009年にCOP15に向けて日本が表明した「前提条件付マイナス25％目標」については，COP18までの国際交渉の進捗からすれば，「全ての主要国が参加する公平かつ実効的な国際枠組の構築と意欲的な目標の合意」との前提条件が2012年末までに満たされたとは言い難い。

したがって，2013年に入った段階で，日本の排出削減目標はいわば「宙に浮いた」状況になっている。切れ目ない排出削減努力のため，前提条件がなくても，日本がいかなる目標を掲げるかを早急に固めなくてはならない。

国内では，2011年の3/11を受けて，原発の大幅増の想定に立っていたエネルギー基本計画は白紙からの見直しを余儀なくされた。新たなエネルギーミックスと排出削減目標を表裏一体で検討するために設置されたエネルギー・環境会議は，一年あまりにわたる検討と国民的議論を経て，2012年9月に革新的エネルギー環境戦略をとりまとめた（**図表7-14**参照）。

他方，2012年末の総選挙により新たに発足した第2次安倍晋三内閣において，このエネルギー環境戦略はゼロベースで見直されることとなった。また，前提条件付きマイナス25％目標についても，2013年11月のCOP19までにゼロベースで見直すとともに，日本が技術で世界に貢献していく，攻めの地球温暖化外交戦略を組み立てるべきとの指示が安倍総理より出されたところである。この新たな指示の下，今後，新たな戦略，排出削減目標が設定されることに

6　日本の取り組み(4)：切れ目ない排出削減と途上国支援

図表 7-14

革新的エネルギー・環境戦略（概要）
（平成 24 年 9 月 14 日エネルギー・環境会議決定）

1．原発に依存しない社会の一日も早い実現
➢ 3 原則（40 年運転制限制，規制委員会の安全確認の後再稼働，原発新増設無し）

2．グリーンエネルギー革命の実現
➢「グリーン政策大綱」策定（本年末目途），節電，省エネ，再エネ

3．エネルギーの安定供給の確保
➢ 火力発電等の高度利用，技術開発，安定的かつ安価な化石燃料の確保・供給

4．電力システム改革の断行
➢「電力システム改革戦略（仮称）」策定（本年末目途）

5．地球温暖化対策の着実な実施
➢ 2050 年 GHG 排出量 80％削減を目指す
➢ 再エネ・省エネ対策及び CO_2 以外の GHG 対策により国内における 2030 年 GHG 排出量 2 割削減（1990 年比）を目指す
➢ 国内の 2020 年の GHG 排出量は一定の前提をおいて計算すると 5～9％減（1990 年比）
➢ 森林吸収源については 2013 年～2020 年の平均で 3.5％分（2020 年時点で 3％程度）の吸収量確保を目指す
➢ 我が国の技術等による地球規模での削減を推進
➢ 2013 年以降の「地球温暖化対策の計画」を策定（本年末目途）

出典：エネルギー・環境会議資料抜粋

なるであろう。

　2007 年に第 1 次安倍内閣より「クールアース 50」イニシアティブが打ち出され，それ以降，京都議定書第 1 約束期間の開始や，G8 や COP での気候変動交渉に合わせて，日本国内でも地球温暖化問題についての議論が高まった。この数年の間，2 度の政権交代と東日本大震災及び原発事故の影響により，日本の環境・エネルギー政策は様々な変遷を経てきた。また，日本が気候変動交渉に臨むに際しての排出削減目標の扱いも目まぐるしく変わってきた。

　しかしながら，エネルギーミックスも排出削減も日本のみならず

第7章 ポスト「リオ・京都体制」と日本

世界全体にとっての共通課題であることは変わらない。そして，省エネ大国である日本が世界に対しモデルを提示し，貢献していくことの重要性も変わらないだろう。

国内体制の整備も重要である。2010年に提出された「地球温暖化対策基本法案」は，諸般の事情により，2012年秋の臨時国会で結局廃案となった。一方，同法案に明記されていた再生可能エネルギー全量固定価格買取制度は2012年7月に，地球温暖化対策税は2012年10月にそれぞれ導入された。しかしながら，こうした個別施策の実施状況をチェックしながら，地球温暖化対策を総合的，戦略的に進めるための体制構築が必要であることに変わりはないであろう。

なお，基本法案に盛り込まれていた国内排出量取引制度については，東京都など一部自治体レベルでは導入されているが，様々な事情により国レベルでは検討が進んでいない。しかし，域内排出量取引制度を運用しているEUのみならず，中国，韓国でも国内排出量取引制度導入の動きがある。海外の動向に目を配りつつ，研究は続けておく必要があると思われる。

最後に，言うまでもないが，こうした排出削減努力においては，政府のみならず，民間企業や家庭においても，長期にわたる日本の経済ビジネスモデル，ライフスタイルの転換が求められる。これは何も電力，鉄鋼といった重厚長大産業だけではない。例えば，マスメディアも例外ではないであろう。日本は全国で毎日約5000万部以上の新聞が発行される世界有数の新聞大国だが，これに使われる森林資源は年間約2000万本分に上ると言われる。原材料の輸入から製紙，印刷，配達に至る一連のプロセスでも相当のCO_2排出を伴う。日本が低炭素社会に移行していく中，この伝統的ビジネスモデルをいかに変えていく必要があるのか，日本の環境ジャーナリズムにも自らの将来像についてのビジョンの提示が求められよう。

(2) 途上国支援

途上国支援は，日本が長年リーダーシップを発揮してきた分野である。環境と開発の両立という課題に直面する途上国を様々な形で支援することは，途上国を取り込みながら気候変動交渉を前進させるうえできわめて重要である。

1997年の「京都イニシアティブ」や，2008年の「クールアース・パートナーシップ」，政権交代後の2009年にそれを再編，上乗せした短期支援策である「鳩山イニシアティブ」は，いずれも京都議定書の採択や将来枠組構築といった気候変動交渉の節目のタイミングにおいて，交渉を前進させるために戦略的に打ち出してきたものである。こうしたイニシアティブは，日本の優れた環境技術にとってもビジネスチャンスにもなり得，日本経済にとってもプラスになるとの狙いもあった。

日本の短期支援のコミットメントは，官民の資金を活用し，2010年から2012年までの3年間で総額150億ドルにのぼる支援を実施するというものである。これまでアジアの新興途上国からアフリカや南太平洋の小島嶼国まで，様々なタイプの途上国に対し，再生可能エネルギーや省エネ，防災，水，森林対策，キャパシティビルディングなど，様々な分野できめの細かい支援を行ってきた（**図表7-15参照**）。その実績は2012年10月末時点で約174億ドルに上り，150億ドルの支援コミットメントを上回る実施を達成した。

このような積み重ねは，交渉の場での口先だけのレトリックの応酬では揺らぐことのない，日本の国際的影響力を下支えしている。第2章で紹介した，COP16での京都議定書「延長」問題を巡る日本にとって厳しい交渉でも，欧州系メディア・NGOのロジックに引きずられた「日本孤立」論にもかかわらず，大多数の途上国との関係では筆者は何ら心配していなかった。こうした日本の地道だが着実な支援実績がベースにあったが故である。

第7章 ポスト「リオ・京都体制」と日本

図表7-15 日本の短期支援の実績

- 排出削減等の気候変動対策に取り組む途上国、及び気候変動の影響に対して脆弱な途上国を支援
- 公的資金で概ね110億ドル(官民あわせて概ね150億ドル)の支援を実施することを表明

既に約174億ドルの支援を実施(2012年10月末時点、1ドル=115円で換算)。但し、2010年1月以降の公的資金による案件のみの実績としては、約133億ドルの支援を実施(同上)。

今後も、国際交渉の進展状況及び国内の復興状況等を踏まえつつ実施

1. 幅広いかつ多様な支援

110か国に対して986のプロジェクトを実施。グラントやローン、技術協力等、現地の状況・案件内容にあわせ支援を実施。

2. 適応を重視した無償資金協力

脆弱国の適応ニーズを踏まえ、支援を実施。無償資金協力では、
・緩和 約25%、
・適応 約31%、緩和・適応 約44%

- Mitigation
- Adaptation
- Adaptation/Mitigation

44% 25% 31%

3. 脆弱国に対して重点的な支援

脆弱国に対する支援は、
・アフリカ 15.5億ドル
・LDC 9億ドル
・SIDS 2.3億ドル
なお、アフリカ・LDC向けの無償資金協力については、適応分野の占める割合は約50%。

各地域別の無償資金の割合

	Africa	LDCs	SIDs
Mitigation/Adaptation	106	13	24
Adaptation	357	337	3
Mitigation	254	210	50

日本の短期支援のグッド・プラクティス

**適応：約12.9億$** (無償：約8億$、円借款：約4.9億$)

防災対策
○能力開発・機材供与等を通じ、気候変動に伴う自然災害への対処能力を強化。
・自然災害対処能力向上計画 25か国で実施
・気候変動予報 南アフリカで実施
・沿岸の災害対策向上 サモアで実施

水対策
○気候変動に伴う干ばつ・砂漠化に対応するため、安全な水のアクセスを改善。
・地方給水計画 エチオピア、ケニア、パキスタン、スーダン等で実施
・淡水化対策 チュニジア
・地下水の淡水化を実施
・複数の国で水対策に関する調査、技術協力を実施

**緩和：約137億$** (無償：約6.3億$、円借款：約68.4億$、OOF：約62.3億$)

送配電設備の整備計画
○エネルギーアクセス向上及びエネルギー安定供給の確保のため、送配電効率を改善し地方電化を進め、送電施設を整備する。再生可能エネルギーの利用促進等とあわせ緩和対策を進める。ケニア、タンザニア等で実施

再生可能エネルギーの導入
○太陽光や風力など再生可能エネルギーの導入を促進し、温室効果ガスの排出削減に貢献する。
・太陽光導入 24か国で実施
・風力発電計画 エジプトで実施
・地熱発電 ケニア等で実施

**REDD+：約7.2億$** (無償：約2.1億$、円借款：約5億$)

森林保全計画
○温室効果ガスの排出削減等に貢献するため、森林分布図の作成、過度の伐採の防止対策、森林火災対策、薪炭の代替エネルギー導入等について、衛星画像解析等の技術協力、計画、資機材の調達等のための資金協力を行った。21か国において実施

**緩和・適応：約24.1億$** (無償：約11.1億$、円借款：約13億$)

GEFへの拠出
○途上国による地球環境の保全・改善への取組を支援するGEFに対して、第5次増資に資金(34百万ドル)を拠出。

キャパシティ・ビルディング
○緩和・適応対策の政策立案及び実施能力向上を目指す。
・途上国向けの気候変動政策対話を開催。また、UNFCCCの適応ワークショップの開催を支援。
・専門家派遣、研修生受入れ等を随時実施。

出典：外務省資料

6　日本の取り組み(4)：切れ目ない排出削減と途上国支援

　COP18の結果を受け，将来枠組の構築に向けた国連交渉は今後も続く。東アジア低炭素成長パートナーシップや2国間オフセット・クレジット制度の推進，TICADの下でのアフリカの低炭素成長・気候変動に強靱な開発戦略の策定・実施など，日本が提唱する「世界低炭素成長ビジョン」の具体化も進めなくてはならない。こうした取り組みは，世界全体の温暖化対策に貢献するとともに，優れた環境技術・ノウハウを有する日本企業や地方自治体にとって大きなチャンスを提供するものでもある。

　2012年6月にリオ・デジャネイロで開催された「リオ＋20」では，日本政府代表として出席した玄葉外務大臣より，新たな途上国支援策として「緑の未来」イニシアティブを表明した。この支援策は，1）地球に優しく，災害に強く，人に優しい「環境未来都市」の構築を世界各地で進めること，2）グリーン経済への移行を支援するため，再生可能エネルギー分野を中心とした3年間で30億ドルの資金協力，3）強靱な社会構築のために，防災分野における3年間で30億ドルの資金協力，を柱としている（**図表7-16**）。東日本大震災後のピンチをチャンスに変え，日本の経験，技術を世界で生かしていくための重要な第1歩である。これらに加えて，今後，省エネなどより幅広い分野や，ODA以外の様々な公的資金の活用による2013年以降の途上国支援の全体像を提示していくことが重要である。

　2013年以降も切れ目なく途上国支援を継続し，これを戦略的・機動的に活用していくことは，環境外交で日本が引き続きリーダーシップを発揮していくうえで不可欠といえる。

第7章 ポスト「リオ・京都体制」と日本

図表7-16 リオ+20における「緑の未来」イニシアティブ

イニシアティブのイメージ

環境未来都市の世界への普及

(1) 我が国の「環境未来都市」づくり経験の同時進行共有
- 途上国の都市開発関係者を被災地の環境未来都市等に年間100人招聘
- 「環境未来都市」構想に関する国際会議を日本で開催

(2) 途上国への支援
- 我が国技術をいかした日本版環境配慮型都市(スマートコミュニティ)の展開

世界のグリーン経済移行への貢献

(1) 我が国の知見を共有し、途上国のグリーン成長戦略策定・実施を支援
- 政策対話の強化(東アジア低炭素パートナーシップ対話、アフリカ・グリーン成長戦略等を活用)
- 「緑の協力隊」(今後3年間で1万人の専門家の編成などにより、グリーン経済移行に向けた人材育成を後押し)

(2) 環境・低炭素技術導入のための途上国支援
- 再生可能エネルギー分野等の気候変動分野で今後3年間で30億ドルの支援を実施。
- 二国間オフセット・クレジット制度の構築(2013年からの運用開始を目指し、モデル事業の実施、キャパシティビルディング等を推進)

強靭な社会づくり

(1) 総合的な災害対策における途上国支援
- 途上国に対する強靭な社会構築のための技術、インフラ、制度支援の強化を通じ防災の主流化を主導すべく、今後3年間で30億ドルの支援を実施。

(2) 世界防災閣僚会議in東北(7月)
- 2005年に策定された「兵庫行動枠組」に代わる新たな国際合意の策定始動に貢献。

上記とあわせた取組(持続可能な開発のための基盤づくり)

- 生物多様性の保全及び持続可能な利用:生物多様性条約事務局に拠出した日本基金(平成23年度40億円)を活用し、今後4年間の途上国の能力開発に貢献。
- 持続可能な開発のための教育(ESD)「国連持続可能な開発のための教育の10年(UNDESD)の最終年である2014年に、ユネスコの共催により「ESDに関する世界会議」を我が国(名古屋)にて開催。
- 水と衛生、適正な廃棄物管理(3R)、総合的な地球観測(GEOSS)、食料安全保障

出典:日本政府資料

コラム⑦　2国間オフセット・クレジット制度はモンゴルからスタート

　本章で紹介した2国間オフセット・クレジット制度(Joint Crediting Mechanism,以下JCM)について、日本政府は2013年に1月8日にモンゴル政府との間で、同制度の設置に関する2国間文書(「日・モンゴル低炭素発展パートナーシップ」)(別添)への署名を行った。

　この2国間文書は、JCMの基本的枠組みを形作るものであり、若干の解説をしてみたい。

　まず、日本とモンゴルが、国連気候変動枠組条約の究極的な目的(人為的な温室効果ガス排出の安定化)及び持続可能な開発の達成のため、2013年以降も協力して気候変動対策に取り組むこと(パラ1)、そのために国連の下並びに地域的及び2国間枠組みで緊密に政策協議を行うこと(パラ2)をうたっている。この枠組みが排他的なものではなく、国連の下でのグローバルな協力や東アジアなど地域協

力と相互に補完しながら進めていくものであることを表すものである。また、個別国の事情に応じた協力のため政策協議の役割を強調している。

次に、モンゴルの低炭素発展を実現するための投資並びに低炭素技術、製品、システム、サービス及びインフラの普及を促進するためJCMを創設し、それぞれの関連する有効な国内法令に従って実施すること（パラ3）、JCMの運営のため、両国の代表からなる合同委員会（Joint Committee）を設置することとしている（パラ4）。この合同委員会が、分野毎の排出削減・吸収量の定量化のための方法論や第三者機関の認定要件など、JCM実施のための詳細なルールを作る事になる。いわば、京都議定書におけるクリーン開発メカニズム（CDM）理事会のような役割を担う訳であり、その役割は重要である。これまで様々な国や分野で行ってきた実証研究も踏まえつつ、各分野の官民の専門家の知見を活かしながら、ルールづくりをしていく必要がある。

パラ5では、JCMの下での緩和事業における認証された排出削減又は吸収量を、日本とモンゴルが国際的に表明したそれぞれの温室効果ガス緩和努力の一部として使用できることを相互に認めることとしている。JCMが国際的に認知される制度とする為の中核となるパラであるといってよい。また、JCMを動かすうえで、当該国、とりわけ日本が自らの排出削減目標を明確にすることがカギであることを示している。排出削減目標を明確にしない限り、その達成手段であるJCMクレジットへの需要も生み出されない。

パラ6、7では、JCM運営にあたっての基本的な原則（堅固な方法論、透明性、環境十全性、簡易実用性、ダブルカウント防止）をうたっている。国連CDMのように環境十全性を過度に強調するあまり使い勝手が悪くなっては元も子もないが、JCMの信頼性確保のための努力を惜しんではならない。合同委員会による詳細なルールづくりの段階で、これら基本原則が求める様々な要素をバランスよく考慮する必要があろう。

パラ8は、JCMを実施するうえで必要な資金、技術、キャパシティビルディング支援の円滑化のため双方が協力することに触れている。新たな制度の運営においては途上国側の体制構築は不可欠であり、JCMを動かすうえでの日本のODAその他の支援の役割は大

第7章 ポスト「リオ・京都体制」と日本

写真1：日本のODA（無償資金協力）による太陽光発電パネル（筆者撮影）

きい。

　パラ9は，JCMを当初は取引を行わない（non-tradable）クレジット制度として開始し，実施状況を踏まえつつ，取引可能（tradable）なクレジット制度への移行の協議を行い，可能な限り早い段階で結論を得ることとしている。市場機能の活用という観点からは，取引可能なクレジット制度が本来望ましいと言えるが，制度の運用がより複雑，困難になることは国連CDMや欧州の事例が示している。また低炭素技術の普及，関連投資促進のための市場であって，市場のための市場であってはならない。以上の事情から，"learning by doing"，段階的アプローチをとることが現実的であろう。

　パラ10は，取引可能なクレジット制度移行後の，JCMを通じた適応支援の可能性に触れている。国連CDMではクレジットの一定割合が適応基金に拠出される仕組みとなっている。JCMでも緩和のみならず適応対策に配慮する仕組みを備える事は，本制度の途上国側にとっての魅力を高めるうえでも，検討すべき課題といえよう。

　パラ11は，本制度がカバーする期間について，新たな国際的枠組みが効力を生じ得る時点までの期間とするとしている。その一方で，国連での交渉進展を踏まえた延長の可能性にも触れている。本制度の実施が，将来枠組みについての現在の国連交渉の結果を予断しないための配慮である。もっとも，本制度が成果を出す事で，将来枠組みを巡る国連での議論にインパクトを与えることを排除するもの

写真2：第4火力発電所（筆者撮影）

ではない。むしろ，ルールメイキングにおける日本の貢献として積極的にアピールすべきであろう。

モンゴルではJCMの下で今後どのような協力があり得るのであろうか。今後の具体的方向性を予断するものではないが，これまでの協力実績を材料に少し考えてみたい。

日本がモンゴルで行った緩和分野での協力案件にODA（無償資金協力）による太陽光発電パネルがある。写真1は2012年7月に筆者がウランバートルを訪れた際に現地サイトに立ち寄ったときのものである。モンゴルは寒冷地だが年間の日照時間は長く，発電効率は良いそうである。つくられた電力はウランバートル空港の電力需要の一部をまかなっている。

もっとも太陽光案件が今後どれだけ見込めるかは不透明である。ODA無償資金協力は財源の制約が厳しい。無償以外の資金（円借款，JBIC，民間資金）を動員するのは，固定価格買取制度のようなインセンティブがない限り困難であると思われ，様々な課題について検討が必要であろう。

むしろ，ボリューム面で重要な役割を占めるのは，ウランバートルのエネルギー供給の大半を占める，石炭火力やボイラーの効率化であろう。

写真2は，ウランバートルの電力供給の柱の役割を担ってきた第

第7章 ポスト「リオ・京都体制」と日本

4火力発電所である。同発電所の建設、リハビリには日本のODA（円借款）が関わってきた。筆者自身、円借款を担当していた2000年当時にこの発電所を訪れ、リハビリ借款の実施に関わった。

当時に比しても、ウランバートルの人口増、都市化は進んでおり、モンゴルの全人口の約半分が首都に集中している。それに伴い電力需要も伸びており、火力発電所の既存設備のリハビリや新・増設のニーズは強い。また学校や病院における石炭ボイラーは旧式のものが多い。石炭火力発電所やボイラーの効率化を進めることは、CO_2排出削減のみならず、大気汚染緩和の健康対策にもなる。こうした動きに日本の官民が関与するのを後押しするのが、JCMに期待される役割といえよう。

いかなる分野がJCMの対象となり得るかは、国によって異なる。3月19日には、第2号として、バングラデシュ政府との間で2国間文書の署名がなされた。バングラデシュのエネルギー供給の大半は天然ガスであり、その利用の効率化が目下の課題である。日本の円借款やJBIC融資案件でも高効率のガスタービン発電所案件がある。エネルギー需要増大に対応するため、高効率の石炭火力にも関心があるようである。モンゴルとは対照的にバングラデシュは人口が多く、国土面積は狭いため、都市化に対応した公共交通システムや廃棄物処理案件のニーズも高いといえる。

このほか、カンボジアなら熱帯雨林保全、インドネシアなら地熱発電など、各国の事情によって想定される協力分野は異なってくる。いずれにせよ、対象分野、案件は双方の政策協議を通じて具体化することになる。多様な分野でJCMが援助機関やJBIC、民間セクター、NGO等と連携しながら、低炭素成長の流れを後押しする事が期待される。

<u>日・モンゴル低炭素発展パートナーシップ（仮訳）</u>

1. 日本側及びモンゴル側（以下「双方」という。）は、国連気候変動枠組条約（以下「条約」という。）第2条に言及される条約の究極的な目的及び持続可能な開発の達成を追求し、また2013年以降も協力して、引き続き気候変動に取り組むため、次のとおり低炭素発展パートナーシップを推進する。

2．双方は，低炭素発展に向けた国連の下並びに地域的及び2国間枠組みでの協力のため，様々なレベルで緊密に政策協議を行う。

3．双方は，モンゴル側における低炭素発展を実現するための投資並びに低炭素技術，製品，システム，サービス及びインフラの普及を促進するため，2国間オフセット・クレジット制度（以下「JCM」という。）を創設し，それぞれの関連する有効な国内法令に従って実施する。

4．双方はJCMを運営するため，合同委員会（Joint Committee）を設置する。

　(1) 合同委員会は，双方の代表者から構成される。

　(2) 合同委員会の委員の構成を含む合同委員会運営規則は，双方の協議を通じて定められる。

　(3) 合同委員会は，JCMに関する規則及びガイドライン類，排出削減又は吸収量の定量化のための方法論，第三者機関の認定に関する要件及び必要に応じてその他のJCMの実施及び管理に関する事項を策定する。

　(4) 合同委員会は，定期的に会合を招集し，JCMの実施状況を評価する。

5．双方は，JCMの下での緩和事業における認証された排出削減又は吸収量を，国際的に表明したそれぞれの温室効果ガス緩和努力の一部として使用できることを相互に認める。

6．双方は世界的な温室効果ガスの排出削減又は吸収に向けた具体的行動を促進するために，JCMの堅固な方法論，透明性及び環境十全性を確保するとともに，JCMを簡易で実用的なものとする。

7．温室効果ガスの排出削減又は吸収量のダブルカウントを回避するため，いずれの側も，JCMの下で登録された緩和事業を，他の国際的な緩和メカニズムには使用しない。

8．双方は，JCMを実施していく上で必要な資金，技術及びキャパシティビルディング支援の円滑化のため，緊密に協力する。

9．JCMは取引を行わないクレジット制度としてその運用を開始する。双方は，JCMの実施状況を踏まえつつ，取引可能なクレジット制度への移行のための協議を継続し，可能な限り早い段階で結論を得る。

10．双方は，JCMが取引可能なクレジット制度に移行された後，JCMを通じ，途上国による適応努力を支援すべく，具体的な貢献を目指す。

第7章 ポスト「リオ・京都体制」と日本

11. 本パートナーシップは，条約の下での新たな国際的な枠組みが効力を生じ得る時点までの期間を対象とする。双方は，とりわけ，国連の下での気候変動に関する交渉の進展を踏まえつつ，あり得る本パートナーシップの延長につき検討し，本パートナーシップの期限までに結論を得る。

12. 本パートナーシップの各内容は，双方間の相互の書面による同意によってのみ修正される。

(了)

エピローグ
―― 2013 年初夏　東京 ――

　2013年5月18日午後，筆者は都心の増上寺，芝公園を散策していた。暦の上では既に夏，日差しはだいぶ強くなってきたが，木陰はまだ涼しい。うっそうとした木々の向こうから東京タワーと青空が見える。

　この日，近くの会議場では，「第2回東アジア低炭素成長パートナーシップ対話」が開かれている最中である。昨年4月のお台場での会合に続く2回目の会合であり，今回の共同議長は日本の岸田文雄外務大臣とカンボジアのモック・マレット上級大臣兼環境大臣。昨年と同様，東アジア首脳会議（EAS）参加18カ国の政府関係者（閣僚級）と，世界銀行や国連開発計画などの国際機関関係者が参加している。

　ゆったりと週末のひとときを過ごしながら，1年前の第1回会合に関わった時のことを思い浮かべる。

　東アジアの多くの国々は，今後，世界の中で益々重きをなしていくだろう。その一方で，都市化，人口，貧困，食料，水，防災といった様々な課題を抱えている。課題解決のためには経済成長を続ける必要があり，更なるエネルギー消費，CO_2排出が予想されるが，それが野放図になれば，温暖化という形で成長への制約がかかってくる。ひいては紛争の火種にもなりかねない。40年前にローマ・クラブが指摘した「成長の限界」のジレンマを如何に克服するか。東アジアの国々こそは，この問題を最も切実に感じている。

　今世紀半ばまでに人口の倍増が見込まれるアフリカも同様である。2週間後の来月初めには東京からほど近い横浜にアフリカの首脳が

エピローグ

集まり，第5回アフリカ開発会議（TICADV）が開かれる。経済と環境の両立も主要議題となろう。

　アジアとアフリカでの取組みが，これからの地球環境のグローバル・ルールを左右するといっても過言ではない。世界の重心の移動とともにルール・メイキングのあり方も変わるのは歴史の必然ともいえる。

　この中で日本が果たすべき役割は何であろうか。「沈みゆく国」として屈折した優越感と敗北主義がないまぜになった形で感傷に浸ることではないだろう。また，既存のルールにただ順応したり，反発したりすることでもない。日本がすべきは，持てる技術力，資金力，外交力を活かして，試行錯誤を重ねながらも新たな課題に即したルールや処方箋を見出し，世界に提示することであろう。それが「課題先進国」としての日本の責任であり，日本の活路を見出すことにもつながるのではないか。

　夕暮れになり，涼しい風が吹き始めた中，芝公園の木立の中を歩きながら，そんなことを考えていた。

エピローグ

　なお，後日知ったところでは，今回の会議では特に，低炭素成長に資する環境技術の普及に重点がおかれたようである。

　岸田外務大臣は冒頭発言において，優れた技術をもつ民間セクターとの連携，効果的な民間資金の動員の重要性を強調した。民間セクターを代表して坂根正弘経団連副会長によるゲストスピーチが行われたほか，会場では日本企業による様々な分野での低炭素技術の展示が行われた。来年は，日本の提案により，民間セクターからのより主体的な参画を得た形でのハイレベル・フォーラムが開催される予定である。

　また，石原伸晃環境大臣からは，アジアの都市や地域全体を低炭素化する取組と，それを後押しする新たな資金策の考えが示された。前日には低炭素成長のための政策形成を支援するナレッジ・プラットフォームの一環として，地球環境戦略研究機関，国立環境研究所，JICAの共催による関連シンポジウムが開かれている。

　年末のCOP19に向けた攻めの地球温暖化外交戦略の一環として，官民学のオールジャパンによる取組を十分にアピール出来たといえよう。

　これからが日本の環境外交の腕の見せ所である。

【資料】 コペンハーゲン合意（全文）

FCCC/CP/2009/11/Add.1
Page 4

Decision 2/CP.15

Copenhagen Accord

The Conference of the Parties,

Takes note of the Copenhagen Accord of 18 December 2009.

Copenhagen Accord

The Heads of State, Heads of Government, Ministers, and other heads of the following delegations present at the United Nations Climate Change Conference 2009 in Copenhagen:[1] Albania, Algeria, Armenia, Australia, Austria, Bahamas, Bangladesh, Belarus, Belgium, Benin, Bhutan, Bosnia and Herzegovina, Botswana, Brazil, Bulgaria, Burkina Faso, Cambodia, Canada, Central African Republic, Chile, China, Colombia, Congo, Costa Rica, Côte d'Ivoire, Croatia, Cyprus, Czech Republic, Democratic Republic of the Congo, Denmark, Djibouti, Eritrea, Estonia, Ethiopia, European Union, Fiji, Finland, France, Gabon, Georgia, Germany, Ghana, Greece, Guatemala, Guinea, Guyana, Hungary, Iceland, India, Indonesia, Ireland, Israel, Italy, Japan, Jordan, Kazakhstan, Kiribati, Lao People's Democratic Republic, Latvia, Lesotho, Liechtenstein, Lithuania, Luxembourg, Madagascar, Malawi, Maldives, Mali, Malta, Marshall Islands, Mauritania, Mexico, Monaco, Mongolia, Montenegro, Morocco, Namibia, Nepal, Netherlands, New Zealand, Norway, Palau, Panama, Papua New Guinea, Peru, Poland, Portugal, Republic of Korea, Republic of Moldova, Romania, Russian Federation, Rwanda, Samoa, San Marino, Senegal, Serbia, Sierra Leone, Singapore, Slovakia, Slovenia, South Africa, Spain, Swaziland, Sweden, Switzerland, the former Yugoslav Republic of Macedonia, Tonga, Trinidad and Tobago, Tunisia, United Arab Emirates, United Kingdom of Great Britain and Northern Ireland, United Republic of Tanzania, United States of America, Uruguay and Zambia,

In pursuit of the ultimate objective of the Convention as stated in its Article 2,

Being guided by the principles and provisions of the Convention,

Noting the results of work done by the two Ad hoc Working Groups,

Endorsing decision 1/CP.15 on the Ad hoc Working Group on Long-term Cooperative Action and decision 1/CMP.5 that requests the Ad hoc Working Group on Further Commitments of Annex I Parties under the Kyoto Protocol to continue its work,

Have agreed on this Copenhagen Accord which is operational immediately.

1. We underline that climate change is one of the greatest challenges of our time. We emphasise our strong political will to urgently combat climate change in accordance with the principle of common but differentiated responsibilities and respective capabilities. To achieve the ultimate objective of the Convention to stabilize greenhouse gas concentration in the atmosphere at a level that would prevent dangerous anthropogenic interference with the climate system, we shall, recognizing the scientific view that the increase in global temperature should be below 2 degrees Celsius, on the basis of equity and in the context of sustainable development, enhance our long-term cooperative action to combat climate change. We recognize the critical impacts of climate change and the potential impacts of response measures on countries particularly vulnerable to its adverse effects and stress the need to establish a comprehensive adaptation programme including international support.

2. We agree that deep cuts in global emissions are required according to science, and as documented by the IPCC Fourth Assessment Report with a view to reduce global emissions so as to hold the increase in global temperature below 2 degrees Celsius, and take action to meet this objective consistent with science and on the basis of equity. We should cooperate in achieving the peaking of global and national emissions as soon as possible, recognizing that the time frame for peaking will be longer in developing countries and bearing in mind that social and economic development and poverty

---

[1] Some Parties listed above stated in their communications to the secretariat specific understandings on the nature of the Accord and related matters, based on which they have agreed to be listed here. The full text of the letters received from Parties in relation to the Copenhagen Accord, including the specific understandings, can be found at <http://unfccc.int/meetings/items/5276.php>.

【資料】コペンハーゲン合意

FCCC/CP/2009/11/Add.1
Page 6

eradication are the first and overriding priorities of developing countries and that a low-emission development strategy is indispensable to sustainable development.

3. Adaptation to the adverse effects of climate change and the potential impacts of response measures is a challenge faced by all countries. Enhanced action and international cooperation on adaptation is urgently required to ensure the implementation of the Convention by enabling and supporting the implementation of adaptation actions aimed at reducing vulnerability and building resilience in developing countries, especially in those that are particularly vulnerable, especially least developed countries, small island developing States and Africa. We agree that developed countries shall provide adequate, predictable and sustainable financial resources, technology and capacity-building to support the implementation of adaptation action in developing countries.

4. Annex I Parties commit to implement individually or jointly the quantified economy-wide emissions targets for 2020, to be submitted in the format given in Appendix I by Annex I Parties to the secretariat by 31 January 2010 for compilation in an INF document. Annex I Parties that are Party to the Kyoto Protocol will thereby further strengthen the emissions reductions initiated by the Kyoto Protocol. Delivery of reductions and financing by developed countries will be measured, reported and verified in accordance with existing and any further guidelines adopted by the Conference of the Parties, and will ensure that accounting of such targets and finance is rigorous, robust and transparent.

5. Non-Annex I Parties to the Convention will implement mitigation actions, including those to be submitted to the secretariat by non-Annex I Parties in the format given in Appendix II by 31 January 2010, for compilation in an INF document, consistent with Article 4.1 and Article 4.7 and in the context of sustainable development. Least developed countries and small island developing States may undertake actions voluntarily and on the basis of support. Mitigation actions subsequently taken and envisaged by Non-Annex I Parties, including national inventory reports, shall be communicated through national communications consistent with Article 12.1(b) every two years on the basis of guidelines to be adopted by the Conference of the Parties. Those mitigation actions in national communications or otherwise communicated to the Secretariat will be added to the list in appendix II. Mitigation actions taken by Non-Annex I Parties will be subject to their domestic measurement, reporting and verification the result of which will be reported through their national communications every two years. Non-Annex I Parties will communicate information on the implementation of their actions through National Communications, with provisions for international consultations and analysis under clearly defined guidelines that will ensure that national sovereignty is respected. Nationally appropriate mitigation actions seeking international support will be recorded in a registry along with relevant technology, finance and capacity building support. Those actions supported will be added to the list in appendix II. These supported nationally appropriate mitigation actions will be subject to international measurement, reporting and verification in accordance with guidelines adopted by the Conference of the Parties.

6. We recognize the crucial role of reducing emission from deforestation and forest degradation and the need to enhance removals of greenhouse gas emission by forests and agree on the need to provide positive incentives to such actions through the immediate establishment of a mechanism including REDD-plus, to enable the mobilization of financial resources from developed countries.

7. We decide to pursue various approaches, including opportunities to use markets, to enhance the cost-effectiveness of, and to promote mitigation actions. Developing countries, especially those with low emitting economies should be provided incentives to continue to develop on a low emission pathway.

8. Scaled up, new and additional, predictable and adequate funding as well as improved access shall be provided to developing countries, in accordance with the relevant provisions of the Convention, to enable and support enhanced action on mitigation, including substantial finance to reduce emissions from deforestation and forest degradation (REDD-plus), adaptation, technology development

262

FCCC/CP/2009/11/Add.1
Page 7

and transfer and capacity-building, for enhanced implementation of the Convention. The collective commitment by developed countries is to provide new and additional resources, including forestry and investments through international institutions, approaching USD 30 billion for the period 2010–2012 with balanced allocation between adaptation and mitigation. Funding for adaptation will be prioritized for the most vulnerable developing countries, such as the least developed countries, small island developing States and Africa. In the context of meaningful mitigation actions and transparency on implementation, developed countries commit to a goal of mobilizing jointly USD 100 billion dollars a year by 2020 to address the needs of developing countries. This funding will come from a wide variety of sources, public and private, bilateral and multilateral, including alternative sources of finance. New multilateral funding for adaptation will be delivered through effective and efficient fund arrangements, with a governance structure providing for equal representation of developed and developing countries. A significant portion of such funding should flow through the Copenhagen Green Climate Fund.

9. To this end, a High Level Panel will be established under the guidance of and accountable to the Conference of the Parties to study the contribution of the potential sources of revenue, including alternative sources of finance, towards meeting this goal.

10. We decide that the Copenhagen Green Climate Fund shall be established as an operating entity of the financial mechanism of the Convention to support projects, programme, policies and other activities in developing countries related to mitigation including REDD-plus, adaptation, capacity-building, technology development and transfer.

11. In order to enhance action on development and transfer of technology we decide to establish a Technology Mechanism to accelerate technology development and transfer in support of action on adaptation and mitigation that will be guided by a country-driven approach and be based on national circumstances and priorities.

12. We call for an assessment of the implementation of this Accord to be completed by 2015, including in light of the Convention's ultimate objective. This would include consideration of strengthening the long-term goal referencing various matters presented by the science, including in relation to temperature rises of 1.5 degrees Celsius.

【資料】コペンハーゲン合意

FCCC/CP/2009/11/Add.1
Page 8

APPENDIX I

Quantified economy-wide emissions targets for 2020

Annex I Parties	Quantified economy-wide emissions targets for 2020	
	Emissions reduction in 2020	Base year

FCCC/CP/2009/11/Add.1
Page 9

APPENDIX II

Nationally appropriate mitigation actions of developing country Parties

Non-Annex I	Actions

9th plenary meeting
18–19 December 2009

【資料】コペンハーゲン合意

決定 -/CP.15（仮訳）

締約国会議は、

2009年12月18日のコペンハーゲン合意に留意する。

コペンハーゲン合意（仮訳）

コペンハーゲンでの2009年国連気候変動会議に出席している次に掲げる締約国の元首、政府の長、閣僚その他の代表団の長は：[*締約国のリスト*]

条約第2条に定められた条約の究極的な目的を達成するため、

条約の原則及び規定を指針とし、

二つの特別作業部会による作業の結果に留意し、

条約の下での長期的協力の行動のための特別作業部会（AWG-LCA）に関する決定x/CP.15及び京都議定書の下での附属書I国の更なる約束に関する特別作業部会（AWG-KP）にその作業を継続するよう要請する決定x/CMP.5を支持して、

直ちに実施されるこのコペンハーゲン合意に合意した。

1. 我々は、気候変動が我々の時代における最大の課題の一つであることを強調する。我々は、共通に有しているが差異のある責任及び各国の能力の原則に従って気候変動に早急に対処するという強固な政治的意思を強調する。気候系に対して危険な人為的干渉を及ぼすこととならない水準において大気中の温室効果ガスの濃度を安定化させるという条約の究極的な目的を達成するため、我々は、世界全体の気温の上昇が摂氏2度より下にとどまるべきであるとの科学的見解を認識し、衡平の原則に基づき、かつ、持続可能な開発の文脈において、気候変動に対処するための長期的協力の行動を強化する。我々は、気候変動の悪影響を特に受けやすい国に

【資料】コペンハーゲン合意

おける気候変動の死活的な影響及び対応措置の潜在的な影響を認識し、国際的な支援を含む包括的な適応計画を作成する必要性を強調する。

2. 我々は、科学に基づき、また、世界全体の気温の上昇が摂氏 2 度より下にとどまるよう世界全体の排出量を削減することを視野に入れた IPCC 第 4 次評価報告書に示されているとおり、世界全体の排出量の大幅な削減が必要であることに同意し、科学に沿って、かつ、衡平の原則に基づいて、この目的を達成するための行動をとる。我々は、開発途上国におけるピークアウトのための期間はより長いものであることを認識し、また、社会・経済開発及び貧困撲滅が開発途上国の最優先の課題であること並びに低排出開発戦略が持続可能な開発にとって不可欠であることに留意し、世界全体及び各国の排出量のピークアウトを可能な限り早期に実現するために協力すべきである。

3. 気候変動の悪影響及び対応措置の潜在的な影響への適応は、すべての国が直面する課題である。開発途上国、特に脆弱な開発途上国(なかんずく後発開発途上国、小島嶼開発途上国及びアフリカ)において、脆弱性の減少及び回復力の構築を目的とした適応のための行動の実施を可能とし、並びにこれを支援することによって条約の実施を確保するため、適応に関する強化された行動及び国際協力が緊急に必要とされている。我々は、先進国が、開発途上国における適応のための行動の実施を支援するため、十分な、予測可能なかつ持続可能な資金、技術及び能力の開発を提供することに同意する。

4. 附属書 I 国は、個別に又は共同して、2020 年に向けた経済全体の数量化された排出目標を実施することをコミットする。附属書 I 国は、この排出目標を、INF 文書に取りまとめるため、2010 年 1 月 31 日までに付表 I に定める様式により事務局に提出する。これにより、京都議定書の締約国である附属書 I 国は、京都議定書によって開始された排出削減を更に強化する。先進国による削減の実施及び資金の提供については、既存の及び締約国会議によって採択される追加的な指針に従って、測定され、報告され、及び検証されるとともに、このような目標及び資金の計算方法が厳密な、強固なかつ透明性のあるものであることを確保する。

5. 条約の非附属書 I 国は、条約第 4 条 1 及び第 4 条 7 の規定に従い、かつ、持続可能な開発の文脈において、緩和のための行動を実施する。これらの緩和のための行動は、INF 文書に取りまとめるため、非附属書 I 国が 2010 年 1 月 31 日までに付表 II に定める様式により事務局に提出

【資料】コペンハーゲン合意

するものを含む。後発開発途上国及び小島嶼開発途上国は、自発的にかつ支援を基礎として、行動をとることができる。非附属書Ⅰ国が後に行う緩和のための行動及び行うことが想定されている緩和のための行動（国別目録を含む。）は、締約国会議によって採択される指針に基づき、条約第12条1(b)の規定に合致した国別報告書を通じて、2年ごとに通報される。国別報告書その他の方法で事務局に送付されるこれらの緩和のための行動は、付表Ⅱに掲げる一覧表に追記される。非附属書Ⅰ国が行う緩和のための行動は、それぞれの国内的な測定、報告及び検証の対象となり、その結果は、国別報告書を通じて、2年ごとに報告される。非附属書Ⅰ国は、各国の主権の尊重を確保する明確に定められた指針の下での国際的な協議及び分析に供するため、国別報告書を通じて自国の行動の実施に関する情報を送付する。国内的に適当な緩和のための行動であって国際的な支援を必要とするものは、関連する技術、資金及び能力の開発の支援とともに登録簿に記録される。これらの支援を受けた行動は、付表Ⅱに掲げる一覧表に追記される。これらの支援を受けた国内的に適当な緩和のための行動は、締約国会議によって採択される指針に従い、国際的な測定、報告及び検証の対象となる。

6. 我々は、森林の減少及び劣化に由来する排出を削減することの重要な役割並びに森林による温室効果ガス排出の吸収を強化する必要性を認識し、先進国からの資金の調達を可能とするため、REDDプラスを含む制度を直ちに創設することにより、こうした行動に対して積極的な奨励措置をとる必要があることについて同意する。

7. 我々は、緩和のための行動の費用対効果を高め、及びこれを促進するため、市場を活用する機会を含む種々の方法を追求することを決定する。開発途上国、特に低排出経済である開発途上国については、低排出の経路で発展を継続するため、奨励措置がとられるべきである。

8. 条約の実施を強化するため、拡充された、新規かつ追加的な資金であって、予測可能かつ十分なもの及び改善されたアクセスが、緩和（森林の減少及び劣化に由来する排出を削減する（REDDプラス）ための相当量の資金を含む。）、適応、技術の開発及び移転並びに能力の開発のための強化された行動を可能にし、並びに支援するため、条約の関連規定に従い、開発途上国に対して供与される。先進国は、新規かつ追加的な資金（林業及び国際機関を通じた投資を含む。）を供与することを、先進国全体としてコミットし、この資金は、適応と緩和との間で均衡のとれた配分が行われ、2010年から2012年までの期間に300億米ドルに近づくものとする。適応のための資金については、後発開発途上国、小島嶼開発途上国及びアフリカ諸国のような最

も脆弱な開発途上国に優先的に配分される。先進国は、意味のある緩和のための行動及び実施の透明性の文脈において、開発途上国のニーズに対応するため、2020年までに年間1,000億米ドルを共同で調達するという目標にコミットする。この資金は、代替の資金源を含め、公的な及び民間の並びに二国間及び多国間の幅広い資金源から調達される。適応のための新たな多国間の資金は、先進国及び開発途上国が衡平に代表される管理の仕組みを有する効果的かつ効率的な資金上の措置を通じて提供される。こうした資金の相当な部分は、「コペンハーゲン緑の気候基金」を通じて提供されるべきである。

9. このため、代替の資金源を含む潜在的な収入源からの拠出について検討する「ハイレベル・パネル」が、この目標の達成に向け、締約国会議の指針の下で、また、締約国会議に対して責任を負うものとして設置される。

10. 我々は、開発途上国における緩和（REDDプラスを含む。）、適応、能力の開発並びに技術の開発及び移転に関連した事業、計画、政策その他の行動を支援するため、条約の資金供与の制度の実施機関として、「コペンハーゲン緑の気候基金」を設立することを決定する。

11. 我々は、技術の開発及び移転のための行動を強化するため、各国の主導による手法を指針として、かつ、自国の事情及び優先順位に基づいてとられる適応及び緩和のための行動を支援するための技術の開発及び移転を促進する「技術メカニズム」を設立することを決定する。

12. 我々は、条約の究極的な目的の観点を含め、この合意の実施に関する評価を2015年までに完了させることを要請する。この評価は、気温が摂氏1.5度上昇することとの関連を含め、科学によって提示される種々の問題に関する長期の目標の強化について検討することを含む。

【資料】コペンハーゲン合意

付表 I

2020 年の経済全体の数量化された排出目標

附属書 I 国	2020 年の経済全体の数量化された排出目標	
	2020 年の排出削減量	基準年

【資料】コペンハーゲン合意

付表 II

途上国の国内的に適当な緩和のための行動

非附属書 I 国	行動

参考文献

天野明弘『排出取引――環境と発展を守る経済システムとは』(2009年, 中央公論新社)

石井彰『エネルギー論争の盲点――天然ガスと分散化が日本を救う』(2011年, NHK出版新書)

井田徹治『大気からの警告――迫り来る温暖化の脅威』(2000年, 創芸出版)

亀山康子=高村ゆかり編『気候変動と国際協調　京都議定書と多国間交渉の行方』(2011年, 慈学社出版)

茅陽一編著・秋元圭吾・永田豊『低炭素エコノミー　温暖化対策目標と国民負担』(2008年, 日本経済新聞出版社)

黒木亮『排出権商人』(2009年, 講談社)

経団連21世紀政策研究所『グローバルJAPAN――2050年シミュレーションと総合戦略――』(2012年)

小宮山宏『地球持続の技術』(1999年, 岩波新書)

小宮山宏『課題先進国日本――キャッチアップからフロントランナーへ』(2007年, 中央公論新社)

小西雅子『地球温暖化の最前線』(2009年, 岩波ジュニア新書)

小宮山宏『低炭素社会』(2010年, 幻冬社新書)

小宮山宏『日本再創造――プラチナ社会実現に向けて』(2011年, 東洋経済新報社)

佐々木経世『世界で勝つビジネス戦略力：スマートシティで復活する日本企業』(2011年, PHP研究所)

澤昭裕『エコ亡国論』(2010年, 新潮社)

澤昭裕・関総一郎編著『地球温暖化問題の再検証――ポスト京都議定書の交渉にどう臨むか』(2004年, 東洋経済新報社)

杉山晋輔『地球規模の諸課題と国際社会のパラダイムシフト――気候変動枠組交渉と日本の対応――』(2011年, 早稲田法学)

杉山大志『環境史から学ぶ地球温暖化』(2012年, エネルギーフォーラム新書)

高村ゆかり=亀山康子編『京都議定書の国際制度――地球温暖化交渉の到達点』

(2002 年，信山社)

高村ゆかり＝亀山康子編『地球温暖化交渉の行方——京都議定書第一約束期間後の国際制度設計を展望して』(2005 年，大学図書)

竹内敬二『地球温暖化の政治学』(1998 年，朝日選書)

田邊敏明『地球温暖化と環境外交——京都会議の攻防とその後の展開』(1999 年，時事通信社)

地球環境戦略研究所編『地球温暖化対策と資金調達——地球環境税を中心に』(2009 年，中央法規出版)

手嶋龍一・池上彰『武器なき"環境"戦争』(2010 年，角川 SSC 新書)

東京大学サステイナビリティ学連携研究機構『クリーン＆グリーンエネルギー革命——サステイナブルな低炭素社会の実現に向けて』(2010 年，ダイヤモンド社)

ドネラ・H・メドウズ／大来佐武郎監訳『成長の限界——ローマ・クラブ『人類の危機』レポート』(1972 年，ダイヤモンド社)

西岡秀三『低炭素社会のデザイン——ゼロ排出は可能か——』(2011 年，岩波新書)

浜中裕徳編『京都議定書をめぐる国際交渉』(2009 年，慶應義塾大学出版会)

藤井良広『CO_2 削減とカーボン・ファイナンス——「金融」で読み解く「排出量取引」の要点』(2008 年，経済法令研究会)

藤倉良『エコ論争の真贋』(2011 年，新潮社)

細田衛士『環境と経済の文明史』(2010 年，NTT 出版)

松本龍『環境外交の舞台裏』(2011 年，日経 BP 社)

村瀬信也『国際法論集』(2012 年，信山社)

山家公雄『オバマのグリーン・ニューディール』(2009 年，日本経済新聞出版社)

Charles W. Freeman Ⅲ/Michael J. Green "Asia's Response to Climate Change and Natural Disasters: Implications for an Evolving Regional Architecture" (2010 CSIS)

Roger Pielke Jr "The Climate fix: What Scientists and Politicians Won't Tell You About Global Warming" (2011 Basic Books)

William Antholis & Strobe Talbott "Fast Forward: Ethics and Politics in the Age of Global Warming" (2010 Brookings Institution)

索　引

あ　行

アフリカ開発会議（TICAD）………… *65, 70, 235*
アフリカ気候変動対策・支援に関する政策対話 ………………………… *80*
アフリカにおける低炭素成長及び気候変動に強靭な開発戦略
　………………………………… *219, 234*
アンブレラ・グループ …… *106, 113, 131*
移行委員会（Transitional Committee）……………………… *71, 87*
エネルギー・環境会議 ………………… *244*
エネルギー基本計画 …………………… *244*
欧州排出量取引制度（EU-ETS）
　……………………… *81, 180, 189, 190, 209*

か　行

革新的エネルギー環境戦略 ……… *244, 245*
化石賞 ………………… *50, 57, 82, 106, 138*
環境未来都市 …………………………… *249*
カンクン合意（the Cancun Agreements）……………… *8, 55, 56, 99, 128, 149〜157*
カンクン・シナリオ ………………… *30, 44*
気候変動に対する更なる行動に関する非公式会合（東京会合）
　………………………… *34, 66, 111, 129*
議定書作業部会 ………… *19, 41, 112, 154*
共通に有しているが差異のある責任（CBDR：common but differentiated responsibilities）
　………………………… *14, 98, 183, 185*
京都議定書（Kyoto Protocol）…… *8, 15, 16, 17, 18, 19, 20, 26, 60, 104, 146, 153, 183*
京都議定書「延長」問題 ……… *30〜32, 46〜48, 94〜96, 149〜155, 160〜161*
京都議定書締約国会合 ………… *6, 27, 150*
京都メカニズム ……………………… *16, 72*
クールアース・パートナーシップ
　……………………… *19, 36, 116, 180, 247*
クールアース50 ………… *19, 116, 245*
クライメートゲート ……………………… *13*
クリーン開発メカニズム（CDM）
　……………………… *16, 45, 219, 237, 240*
グレンイーグルス・サミット ……… *19, 116, 126*
衡平性（equity）……………… *14, 15, 99, 182, 183, 185*
国際海事機関（IMO）……………… *208*
国際航空 …… *81, 189, 190, 209, 210, 211*
国際的な協議及び分析（international consultations and analysis）…………………… *148*
国際民間航空機関（ICAO）………… *189*
国内排出量取引制度 ……………… *36, 246*
国立環境研究所 ………………………… *259*
国連環境開発会議（リオ地球サミット）………………………………… *8, 11*
国連気候変動枠組条約締約国会議

275

索　引

　　　　　　　　……………6, 26, 60, 150
国連気候変動枠組条約
　（UNFCCC：United Nations
　Framework Convention on
　Climate Change）……8, 12, 13, 14, 15,
　　　　　20, 25, 26, 183, 184, 185, 211
国連人間環境会議……………………198
コペンハーゲン合意（the Copen-
　hagen Accord）…5, 6, 8, 21〜23, 32,
　　　　　　34, 35, 109, 145〜149,
　　　　　　153, 186, 222, 225, 226
コペンハーゲンシナリオ…………24, 25

さ　行

再生可能エネルギー全量買取制度
　…………………………………36, 246
砂漠化対処条約………………………12
主要経済国フォーラム（MEF）
　………………………21, 34, 76, 115, 117
小島嶼国連合（Alliance of Small
　Island States）……………………79, 134
条約作業部会………20, 41, 87, 112, 154
生物多様性条約……………12, 39, 45, 61,
　　　　　　　　104, 108, 184
世界低炭素成長ビジョン……65, 82, 84,
　　　　　208, 218, 226, 227, 228, 242
前提条件付マイナス25％目標………21,
　　　　　　33, 36, 68, 69, 149, 244
測定・報告・検証（MRV）……………27,
　　　　　　　　　　　147, 225

た　行

ダーバン合意（the Durban
　Agreements）……………8, 65, 87〜90,

　　　　　　　　　　129, 158〜171
ダーバン・シナリオ………………78, 79
ダーバン・プラットフォーム
　（Durban Platform）……………91, 92,
　　　　　　　　　　　158, 192
ダーバン・プラットフォーム特別
　作業部会（ADP）……88, 93, 112, 113
第1次評価報告書……………………10
第1約束期間………3, 16, 19, 36, 57, 133,
　　　　　146, 161, 218, 242〜245
第2約束期間………32, 46, 47, 49, 50, 87,
　　　　　94, 95, 97, 106, 132, 133,
　　　　　152, 158, 160, 161, 195, 212
第4次評価報告書……………………10
第5回アフリカ開発会議
　（TICADV）…………………236, 258
地球温暖化対策基本法案……35, 36, 246
地球温暖化対策税………………36, 246
地球環境戦略研究機関（IGES）
　…………………………………111, 259
中期目標………………………………36
長期目標………………………………36
ドーハ気候ゲートウェイ（Doha
　Climate Gateway）…………………92
ドーハ合意……………………………8, 92

な　行

名古屋議定書…………………………108
2国間オフセット・クレジット制
　度…………45, 65, 67, 71〜73, 93, 95,
　　　　　97, 180, 201, 213, 215, 219,
　　　　　220, 236〜242, 250〜256
日本国際問題研究所………………67, 111

索 引

は 行

ハイリゲンダム・サミット………… 19, 116, 126
バード・ヘーゲル決議………… 18, 185
鳩山イニシアティブ………… 33, 36, 37, 180, 247
パラレル・アプローチ………… 42
バリ行動計画………… 20, 36, 160
東アジア首脳会議…… 73, 213, 230, 257
東アジア低炭素成長ナレッジ・プラットフォーム………… 232, 233, 259
東アジア低炭素成長パートナーシップ………… 73, 130, 213, 214, 215, 230, 232, 249, 257
東日本大震災………… 64, 68, 243
非附属書Ⅰ国………… 14
ブエノスアイレス行動計画………… 17
福島第一原子力発電所………… 64, 68
附属書Ⅰ国………… 14, 16, 145
プレCOP………… 117
ベルリン・マンデート………… 16, 126, 159, 188
補助機関（SB：Subsidiary Body）………… 112

北海道洞爺湖サミット………… 19, 116
ホットエアー………… 132

ま 行

マイナス6％………… 16, 18, 36, 68, 69, 218, 220, 242, 243
マイナス7％………… 16
マイナス8％………… 16
マラケシュ合意………… 17
緑の気候基金………… 59, 71, 87, 96, 130
緑の未来イニシアティブ… 96, 249, 250
茅恒等式（Kaya Identity）…… 200, 201

ら 行

リオ+20………… 96, 128, 249, 250
リオ3条約………… 12
リオ地球サミット………… 8, 11, 128, 183, 184, 198
歴史的責任（historical responsibility）………… 182
レッド（REDD：Reducing Emissions from Deforestation and forest Degradation）……… 27, 38
レッド・プラス（REDD+）……… 27, 38
ローマ・クラブ………… 10, 198, 257

* * *

ADP：Ad-hoc Working Group on the Durban Platform for Enhanced Action………… 27, 88, 93, 112, 113
AWG-KP：Ad-hoc Working Group on Kyoto Protocol……… 19, 27, 112, 154

AWG-LCA：Ad-hoc Working Group on Long-term Cooperative Action………… 20, 27, 87, 112, 154
AOSIS（Alliance of Small Island States）………… 79, 134
BASIC（中国，インド，ブラジル，

索　引

南アフリカ）............... 27, 34, 42, 78
CAN（Climate Action Network）
　............... 119, 138
CDM：Clean Development
　Mechanism............ 16, 28, 72, 95, 210,
　　　　　　　　　　237, 238, 240, 241
CMP：Conference of the Parties
　serving as the Meeting of the
　Parties............... 6, 27, 150
CMP1............... 19
CMP5............... 6
CMP6............... 6
CMP7............... 6
CMP8............... 6
COP：Conference of the Parties
　............... 6, 27, 104, 118, 150
Conservation International............ 119
COP1............... 6, 15, 16, 125, 126
COP3............... 6, 16, 60, 104, 122
COP4............... 17
COP7............... 17
COP10............... 39, 45, 61, 104, 108
COP13............... 20, 130
COP15............... 3〜6, 20〜26, 30〜33, 125
COP16............... 6, 30〜32, 48〜60, 127
COP17............... 6, 82〜91, 129
COP18............... 6, 92〜99, 135, 136
EU-ETS............... 81, 180, 189, 190, 209
G77＋中国............... 43, 136, 187
IMO............... 208, 209, 210, 211
IPCC（気候変動に関する政府間パ
　ネル）............... 10, 13
IPCC第4次報告............... 20
JICA............... 80, 259
MRV：Measurement, Reporting,
　Verification............ 27, 87, 88, 91, 180
REDD：Reducing Emissions
　from Deforestation and forest
　Degradation............... 38
REDD＋（レッドプラス）............... 38
REDD＋パートナーシップ............ 39, 101,
　　　　　　　　　　127, 133, 136
REDD＋パートナーシップ閣僚会
　合............... 45
SB：Subsidiary Body............... 27, 112
TICAD（アフリカ開発会議）......65, 70,
　　　　　　　　　　235
Union of Concerned Scientists............ 119
World Resources Institute............... 119
WWF............... 119

著者紹介

加 納 雄 大（かのう　たけひろ）

1968 年生まれ
1989 年 3 月　東京大学法学部中退
1993 年 6 月　ケンブリッジ大学経済学修士
1989 年 4 月　外務省入省
　　　　　　　国際連合局，大蔵省出向，アジア局，大臣官房，北米局，経済協力局，在米国日本大使館，経済局，総理大臣官邸出向，国際協力局，総合外交政策局を経て
2010 年 1 月より
　　　　　　　国際協力局気候変動課長（2012 年 9 月まで）
現　　在　　総合外交政策局安全保障政策課長，
　　　　　　　東京大学客員教授，青山学院大学非常勤講師

〈現代選書23〉

環境外交
——気候変動交渉とグローバル・ガバナンス——

2013（平成25）年 6 月25日　第 1 版第 1 刷発行
3308-7-012-010-005-2800e

ⓒ著　者　加　納　雄　大
発行者　今井 貴・稲葉文子
発行所　株式会社 信 山 社

〒113-0033　東京都文京区本郷 6-2-9-102
Tel 03-3818-1019　Fax 03-3818-0344
笠間来栖支店　〒309-1625 茨城県笠間市来栖 2345-1
Tel 0296-71-0215　Fax 0296-72-5410
笠間才木支店　〒309-1600 茨城県笠間市才木 515-3
Tel 0296-71-9081　Fax 0296-71-9082
出版契約 2013-6-3308-7-01011
Printed in Japan, 2013.

印刷・ワイズ書籍（本文・付物）　製本・渋谷文泉閣 p.292
ISBN978-4-7972-3308-7 C3332 ¥2800E 分類329-100-c004
3308-01011：012-010-005《禁無断複写》

JCOPY 《(社)出版者著作権管理機構 委託出版物》
本書の無断複写は著作権法上での例外を除き禁じられています。複写される場合は，そのつど事前に，(社)出版者著作権管理機構（電話03-3513-6969, FAX03-3513-6979, e-mail: info@jcopy.or.jp）の許諾を得てください。

「現代選書」刊行にあたって

　物量に溢れる，豊かな時代を謳歌する私たちは，変革の時代にあって，自らの姿を客観的に捉えているだろうか。歴史上，私たちはどのような時代に生まれ，「現代」をいかに生きているのか，なぜ私たちは生きるのか。

　「尽く書を信ずれば書なきに如かず」という言葉があります。有史以来の偉大な発明の一つであろうインターネットを主軸に，急激に進むグローバル化の渦中で，溢れる情報の中に単なる形骸以上の価値を見出すため，皮肉なことに，私たちにはこれまでになく高い個々人の思考力・判断力が必要とされているのではないでしょうか。と同時に，他者や集団それぞれに，多様な価値を認め，共に歩んでいく姿勢が求められているのではないでしょうか。

　自然科学，人文科学，社会科学など，それぞれが多様な，それぞれの言説を持つ世界で，その総体をとらえようとすれば，情報の発する側，受け取る側に個人的，集団的な要素が媒介せざるを得ないのは自然なことでしょう。ただ，大切なことは，新しい問題に拙速に結論を出すのではなく，広い視野，高い視点と深い思考力や判断力を持って考えることではないでしょうか。

　本「現代選書」は，日本のみならず，世界のよりよい将来を探り寄せ，次世代の繁栄を支えていくための礎石となりたいと思います。複雑で混沌とした時代に，確かな学問的設計図を描く一助として，分野や世代の固陋にとらわれない，共通の知識の土壌を提供することを目的としています。読者の皆様が，共通の土壌の上で，深い考察をなし，高い教養を育み，確固たる価値を見い出されることを真に願っています。

　伝統と革新の両極が一つに止揚される瞬間，そして，それを追い求める営為。それこそが，「現代」に生きる人間性に由来する価値であり，本選書の意義でもあると考えています。

2008年12月5日　　　　　　　　　　　　　　　信山社編集部

学術選書

人権論の新構成	棟居 快行	著	9,240円
立憲平和主義と有事法の展開	山内 敏弘	著	9,240円
国際倒産 vs. 国際課税	石黒 一憲	著	12,600円
普遍比較法学の復権	貝瀬 幸雄	著	6,090円
国際私法及び親族法	田村 精一	著	10,290円
外交的保護と国家責任の国際法	広瀬 善男	著	12,600円
人権条約の現代的展開	申 惠丰	著	5,250円
国際人権法の構造Ⅰ（仮題）	安藤 仁介	著	（未定）
国際人権法の構造Ⅱ（仮題）	安藤 仁介	著	（未定）
憲法学の倫理的転回	三宅 雄彦	著	9,240円
18世紀フランスの憲法思想とその実践	畑 安次	著	10,290円
国際知的財産権保護と法の抵触	金 彦叔	著	10,290円
武器輸出三原則	森本 正崇	著	10,290円
英国M＆A法制における株主保護	冨永 千里	著	10,290円
核軍縮と世界平和	黒澤 満	著	9,240円
フランス信託法	小梁 吉章	著	9,240円
21世紀国際私法の課題	山内 惟介	著	8,190円
近代民事訴訟法史・ドイツ	鈴木 正裕	著	8,925円
国際法論集	村瀬 信也	著	9,240円
憲法学の可能性	棟居 快行	著	7,140円

価格は税込価格（本体＋税）

国際法論集
村瀬 信也 著　　　A5変上製　480頁　定価：本体8,800円+税

激動の国際社会に、国際法の原点を見据える

混迷を深めるこの10年の国際社会の現状を捉えつつ、それを契機として、国際法の原点を見つめ直す。国際立法、気候変動、安全保障法等の最新動向を見据えながら、同時に、国際法の基本原理を鮮やかに照らし出した、研究、実務に必読の書。著者は現在、「大気の保護」の漸進的法典化等環境問題に積極的に取り組む、国連国際法委員会委員としても活躍中。

変革期の国際法委員会 — 山田中正先生傘寿記念
村瀬 信也＝鶴岡公二 編
　A5変上製　592頁　定価：本体12,000円+税

国際法の法典化に関する最先端の総合研究

1992年から2009年まで17年間の長きにわたって、国際法委員会の委員を務められ、同委員長にも就任した、山田中正（やまだちゅうせい）大使の傘寿を記念した論文集。2001年から2008年まで越境帯水層に関する特別報告者として条文草案をまとめ、また、国連代表部でも精力的に活動してきた、山田中正大使の傘寿を記念し、第一線の執筆陣が一同に集った、国際法理論の到達点を示す待望の書。

―― 信山社 ――